Kjartan Poskitt ist matheverrückt, seit er denken kann. In seinen Matheshows vor breitem Live-Publikum und in der BBC beweist er seit vielen Jahren, dass Mathe gar nicht so schwer ist, wie alle immer denken, sondern sogar Spaß machen kann. Er lebt mit seiner Frau und zwei Töchtern in York.

Dieser Titel ist auch als E-Book erhältlich.

Kjartan Poskitt

SAGT DIE NULL ZUR ACHT: „Schicker Gürtel“

Mathematik für alle Lebenslagen

Aus dem Englischen von
Arnd Kösling

BASTEI LÜBBE
TASCHENBUCH

BASTEI LÜBBE TASCHENBUCH
Band 60172

1. Auflage: Oktober 2011

Vollständige Taschenbuchausgabe

Bastei Lübbe Taschenbuch in der Bastei Lübbe GmbH & Co. KG

Deutsche Erstausgabe

Titel der englischen Originalausgabe:
»Everyday Math for Grown-ups«
Originalverlag: First published in Great Britain in 2010
by Michael O'Mara Books Limited, 9 Lion Road, Tremadoc Road,
London SW4 7NQ.

Textredaktion: Alexander Huiskes
Innenillustrationen: Andrew Pinder
Titelbild: © SuchBild, Pauline Schimmelpenninck Büro für Gestaltung
Umschlaggestaltung: Pauline Schimmelpenninck Büro für Gestaltung, Berlin
Autorenfoto: © Kjartan Poskitt
Satz: Bosbach Kommunikation & Design GmbH, Köln
Gesetzt aus der Arno Pro
Druck und Verarbeitung: CPI-Books, Ebner & Spiegel, Ulm
Printed in Germany
ISBN 978-3-404-60172-1

INHALT

Für Marilyn Malin, die über zwanzig Jahre lang mein Leben organisiert hat, dabei nie einen Taschenrechner benutzte und nie falschliegt.

WIE DIESES BUCH ENTSTAND

Vor nicht allzu langer Zeit traf ich einen alten Freund, der ziemlich verzweifelt wirkte. Blakey ist etwa vierzig und nicht dümmer als andere Leute, aber er schaffte es nicht, einen Lehrgang für Betriebsführung abzuschließen, weil er immer wieder in der Matheprüfung durchfiel. Oder, wie er es ausdrückte: »Ich kann ja einigermaßen zusammenzählen und abziehen, aber wenn es ans Multiplizieren geht, blicke ich nicht mehr durch. Auch wenn ich einen Taschenrechner benutze, weiß ich nie, ob ich's richtig gemacht habe.« Daraufhin lieh ich Blakey eine Ausgabe meines Buchs *Die Schrecken des Rechnens,* das ich für Achtjährige geschrieben hatte, und innerhalb weniger Wochen bestand er die Prüfung.

Wenn Sie wie Blakey zu den vielen Menschen gehören, die das Gefühl haben, nicht rechnen zu können, liegt es womöglich daran, dass Ihnen ganz zu Anfang etwas Entscheidendes entgangen ist und danach nichts mehr verständlich war. Deshalb beschloss ich, ein Buch zu schreiben, das mit dem Addieren anfängt und sich dann zu den raffinierteren Sachen vorarbeitet, damit Sie alles Schritt für Schritt durchgehen können und sehen, wie sich alles zusammenfügt. Wenn Ihnen die ersten Abschnitte des Buchs zu einfach vorkommen, überspringen Sie sie – und sollten Sie später irgendwo festhängen, können Sie zurückblättern und den verlorenen Faden wiederaufnehmen.

Keine Angst: Dies ist kein Lehrbuch! Natürlich kommen eine Menge Zahlen und Diagramme darin vor und auch eine paar üble Dinge (denken Sie nur an π und x^2!), aber es gibt keine Tests oder Prüfungen, und niemand wird Sie zusammenstauchen, wenn Sie beim Lesen einschlafen. Dieses Buch gibt Ihnen lediglich ein paar nette Ratschläge für alltägliches Rechnen, etwa wenn Sie herausfinden wollen, wie viel Farbe Sie für einen Zimmeranstrich brauchen oder wie lange eine Reise dauern soll. Es leitet Sie zudem durch einige so verstörende Themen wie Algebra und Prozentrechnung, damit Sie nicht in Panik geraten, wenn Zwölfjährige über ihre Mathe-Hausaufgaben reden. Unterwegs betrachten wir noch ein paar kuriose Dinge wie gekrümmten Raum und Pokerblätter, und außerdem kommen auch ein paar Tricks vor, mit denen Sie vor Ihren Freunden angeben können.

Hier ist ein kleiner Trick für den Anfang (wenn Sie wollen, nehmen Sie einen Taschenrechner):

- ✔ Nehmen Sie irgendeine dreistellige Zahl, bei der alle Ziffern verschieden sind.
- ✔ Jetzt schreiben Sie die Ziffern in umgekehrter Reihenfolge auf.
- ✔ Nun ziehen Sie die eine von der anderen ab.

724	oder	564
- 427		- 465
= 297		= 099

Das Ergebnis hat immer eine 9 in der Mitte (oder ist 99), und die erste und die letzte Ziffer summieren sich immer zu 9!

Mit diesem Trick können Sie sogar jemanden verblüffen wie meinen Freund Malcolm, der sich eigentlich von gar nichts beeindrucken lässt. Lassen Sie ihn eine dreistellige Zahl aufschreiben, ohne Ihnen zu sagen, wie sie lautet. (Die einzelnen Ziffern müssen unterschiedlich sein.) Dann soll er die Zahl umdrehen und sie von der ersten Zahl abziehen. Jetzt soll er Ihnen vom Ergebnis die erste Ziffer nennen – und obwohl Sie nicht wissen, welches seine ersten beiden Zahlen waren, können Sie ihm jetzt die letzten Ziffern seines Ergebnisses sagen!

Ist die erste Ziffer eine 9, lautet das Ergebnis 99. In jedem anderen

Fall kann man es schnell ausrechnen: Wenn die erste Ziffer beispielsweise eine 5 ist, heißt das Ergebnis 594, denn Sie wissen ja: In der Mitte ist immer eine 9, und die letzte Ziffer ergibt zusammen mit der ersten ebenfalls 9.

ADDIEREN

Addieren gehört zu den ersten Dingen, die man in der Schule lernt, aber halten Sie das nicht für selbstverständlich. Dass es uns einfach vorkommt, liegt daran, dass wir das geniale indisch-arabische Zahlensystem verwenden, mit dem sich Zahlen jeder Größe ausdrücken lassen, obwohl es nur zehn Ziffern verwendet: 0, 1, 2, 3, 4, 5, 6, 7, 8 und 9. Zur Erinnerung – es funktioniert so:

Die Verwendung der „Stellen"

Auf dem Flohmarkt hatten Sie drei höchst erfolgreiche Tage. Die Einnahmen der einzelnen Tage betrugen 173 €, 585 € und 234 €. Ärgerlich ist nur, dass Sie aus Versehen Ihren Taschenrechner gleich mitverkauft haben. Wie stellen Sie also ohne dessen Hilfe Ihre Gesamteinnahme fest?

Die Ziffern werden in einem System von »Stellen« eingesetzt, und wenn Sie etwa die Zahl 173 sehen, wissen Sie, dass die 3 für die Einer steht, die 7 für die Zehner und die 1 für die Hunderter. Wenn Sie die Summe von 173 + 585 + 234 ermitteln wollen, müssen Sie die Zahlen nur so hinschreiben, dass die Hunderter, Zehner und Einer in Spalten untereinanderstehen.

Zuerst die Einer addieren

3 + 5 + 4 = 12

Die 2 kommt unter den Summenstrich und die 1 in die Zehnerspalte

	Hunderter	Zehner	Einer
	1	7	3
+	5	8	5
+	2	3	4
		1	
			2

Jetzt die Zehner addieren samt der Extra-Zehn, die wir bei der Addition der Einer bekamen

7 + 8 + 3 + 1 = 19

Schließlich werden die Hunderter addiert

1 + 5 + 2 + 1 = 9

	Hunderter	Zehner	Einer
	1	7	3
+	5	8	5
+	2	3	4
	1	1	
	9	9	2

Indisch-arabisch gegen römisch

Wir verwenden das indisch-arabische Zahlensystem, das vor rund 2.400 Jahren in Indien entstand. Vor rund 1.100 Jahren wurde es von arabischen Mathematikern und Astronomen übernommen und schließlich vor etwa 800 Jahren von dem Pisaner Leonardo Fibonacci nach Europa gebracht (ungefähr zur gleichen Zeit, als in Pisa der berühmte Schiefe Turm gebaut wurde.)

Man kann kaum begreifen, wie genial dieses System ist, ehe man nicht dieselbe Rechenaufgabe mit den alten römischen Zahlen auszuführen versucht. Die Römer benutzten die folgenden Buchstaben als Zahlenwerte:

M = 1.000	X = 10
D = 500	V = 5
C = 100	I = 1
L = 50	

Meistens wurden Zahlen gebildet, indem man verschiedene dieser Buchstaben aneinanderfügte, wobei man mit dem höchsten Wert begann und mit dem niedrigsten endete. So ist zum Beispiel CLXXIII = 100 + 50 + 10 + 10 + 1 + 1 + 1 = 173. Allerdings war es mühsam, auf diese Art Zahlen wie die 9 zu schreiben, was VIIII gewesen wäre. Darum wurde ein Buchstabe von geringerem Wert, der vor einem höherwertigen stand, abgezogen, sodass man die 9 als IX schreiben konnte.

Die römischen Zahlen werden immer noch verwendet, wenn man einen besonders gediegenen Eindruck erwecken möchte. Auf Uhren mit altmodischem Touch stehen I bis XII für die Zahlen von 1 bis 12, und viele Filme und Fernsehproduktionen zeigen ganz am Schluss das Jahr des Copyrights in römischen Zahlen – MMX bezeichnet das Jahr 2010. Große Gebäude und Denkmäler haben oft einen Sockelstein, der ein Datum in römischen Zahlen trägt: Die Freiheitsstatue im Hafen von New York zeigt auf ihrem linken Arm

»July IV MDCCLXXVI«, das Datum der amerikanischen Unabhängigkeitserklärung (4. Juli 1776).

Von Rom zur Null

Die alten Römer hatten kein Zeichen für die Null. Erst als wir alle anfingen, das Dezimalsystem zu verwenden, um Zahlen wie 10 oder 100 schreiben zu können, wurde sie wichtig.

Der einzige Bereich, in dem man heutzutage keine römischen Zahlen mehr findet, ist jener der Rechenaufgaben. Stellen Sie sich vor, Sie hätten Ihre Einnahmen vom Flohmarkt im alten Rom ausrechnen wollen …

Solange man beim indisch-arabischen System die Einer, Zehner und Hunderter in Spalten anordnet, übernehmen die Zahlen selbst einen beträchtlichen Teil der Arbeit. Und wenn man sich zudem angewöhnt, Rechenaufgaben mit Stift und Papier zu lösen, entwickelt man einen Instinkt für das richtige Ergebnis, den man nie bekommt, wenn man immer auf Taschenrechner zurückgreift.

Manchmal liegen die Aufgaben schon schriftlich vor, darum folgt hier eine Methode, wie Sie Ihren Instinkt trainieren können …

Wie man schnell einen Kassenbon prüft

Sind Sie schon mal mit einem langen Kassenbon aus einem Supermarkt gekommen und hatten das Gefühl, Sie hätten zu wenig Wechselgeld herausbekommen? Während Sie sich mit den vollen Einkaufstaschen abmühen, spüren Sie wenig Lust, anzuhalten und zehn Minuten lang alles nachzurechnen, aber zum Glück ist das auch nicht nötig. Es gibt eine Methode, um sehr schnell zu einer ziemlich genauen Gesamtsumme zu kommen.

Hier sehen Sie einen Kassenzettel, bei dem die Summe abgetrennt ist. Sie müssen jetzt nur zweierlei machen:

Multimarkt	
Käse	2,79
Waschpulver	4,35
Zeitung	0,40
Hundestriegelset	6,20
Cornflakes	2,30
Fruchtsaft	1,49
Eier	1,20
Wein	5,79
Farbe	3,15
Würstchen	2,69
Knoblauch	1,30
Gasmaske	7,49
Plastikblumen	3,00
Batterien	3,89
Etwas, das Batterien braucht	4,80
DVD »Best of SamstagNacht«	11,49
Löffel	0,45
Badesalz Geschenkepackung	2,30
Bananen	1,56

❶ Zählen Sie die Euro zusammen (und lassen Sie die Cent weg). In diesem Fall ergibt das 58.

❷ Falten Sie den Zettel in der Mitte zusammen, und zählen Sie für jeden Artikel, der noch zu sehen ist, einen Euro dazu. Bei zehn Artikeln addieren Sie also 10 zu den ersten 58 und erhalten 68. Das dürfte ziemlich nah an der exakten Summe liegen.

Multimarkt	
Käse	2,79
Waschpulver	4,35
Zeitung	0,40
Hundestriegelset	6,20
Cornflakes	2,30
Fruchtsaft	1,49
Eier	1,20
Wein	5,79
Farbe	3,15
Würstchen	2,69

Insgesamt	66,64

Rechnen Sie es einmal nach …

Nicht schlecht, oder?

Zur Beachtung

Falls der Kassenbon negative Zahlen enthält – Leergutrückgabe, Warentausch oder anderes – ignorieren Sie diese zunächst und ziehen Sie sie am Schluss ab.

Warum funktioniert es?

Die Zahlen in der Cent-Spalte können von 0 bis 99 reichen. Bei manchen Artikeln wird der Wert niedrig sein (z. B. 25), bei anderen höher (z. B. 80), aber im Durchschnitt wird der Wert etwa bei 50 liegen. Um also eine ungefähre Summe der Cent zu bekommen, könnten wir die Artikel zählen und für jeden 50 Cent addieren, aber es ist einfacher, die Artikelzahl zu halbieren – deswegen haben wir den Zettel in der Mitte gefaltet – und dann jeweils einen Euro dazuzuzählen.

Mehr Einkaufstipps! Auf den Seiten 112-115 finden Sie noch mehr über Prozente, Schnäppchen und Rabatt.

SUBTRAHIEREN

Auch wenn man mehrere Zahlen gleichzeitig addieren kann, sollte man nie versuchen, mehrere auf einmal zu subtrahieren. Werfen wir zunächst einen Blick auf die alte Methode des Subtrahierens und betrachten dann die schicke neue Methode, die manchen Kindern beigebracht wird.

Die alte Methode

Der Schlüssel zum Subtrahieren liegt in dem Wissen, dass eine Zahl wie zum Beispiel 73 dasselbe ist wie 70 + 3.

Wenn wir 73 – 2 ausrechnen wollen, ist das leicht. Wir müssen nur die Einerwerte am Ende voneinander abziehen und erhalten 3 – 2 = 1. Den Teil mit der 70 brauchten wir gar nicht anzurühren, daher erscheint er unverändert in der Lösung. (Es ist hilfreich, Karopapier zu verwenden, um im Blick zu behalten, was Zehner und Einer etc. sind.)

	7	3
–		2
=	7	1

Der Spaß beginnt, wenn wir 73 – 9 haben. Das ist dasselbe wie 70 + 3 – 9, nur dass wir das Stück mit 3 – 9 nicht mehr ganz so leicht rauskriegen.

	7	3
–		9
=		

Was wir tun müssen, ist, die 73 in 60 + 13 zu zerlegen. Dazu gehört, dass wir aus der 7 eine 6 machen und eine kleine 1 vor die 3 setzen. Deshalb habe ich Karopapier verwendet: So können Sie sehen, dass die Zahl oben 60 + 13 ist und nicht 613.

	6	
	~~7~~	13
–		9
=		

Dann rechnen wir 13 – 9 = 4 aus, und damit sind die Einerwerte erledigt. Von der 70 haben wir nur 60 übrig, daher ist unser Schlussergebnis 60 + 4 = 64.

	6	
	~~7~~	13
–		9
=	6	4

Nachdem wir jetzt das Prinzip gesehen haben, wollen wir zur Sache gehen. Nehmen wir an, Sie wollen aus 6.305 Streichhölzern ein Schiffsmodell basteln. Bisher haben Sie erst 1.847 Streichhölzer zusammen – wie viele brauchen Sie also noch?

Hier haben Sie nun also eine echte Herausforderung vor sich. Der Trick besteht darin, am Ende mit den Einern anzufangen und sich vorzuarbeiten. Das erste Problem ist das Ausrechnen von 5 – 7. Wir müssen irgendwo eine Zehn herkriegen, aber 6.305 hat eine Null in der Zehnerspalte, deshalb rutschen wir oben ein bisschen weiter und beziehen die 3 mit ein. Dadurch können wir die benötigte Extra-Zehn bekommen, indem wir 30 – 1 = 29 rechnen.

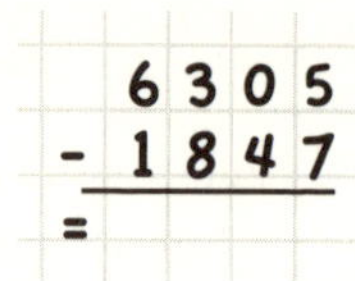

Hier sehen Sie, dass wir die 30 durch die 29 ersetzt und eine 1 vor die 5 geschrieben haben. Jetzt können wir rechnen 15 – 7 = 8.

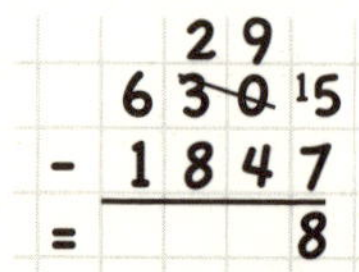

Nachdem wir die Einer erledigt haben, können wir sie ausblenden und uns auf den Rest der Aufgabe konzentrieren. Was uns bleibt, ist 629 – 184. Da 9 – 4 = 5 ist, können wir die 5 direkt eintragen und haben damit auch die Zehner erledigt.

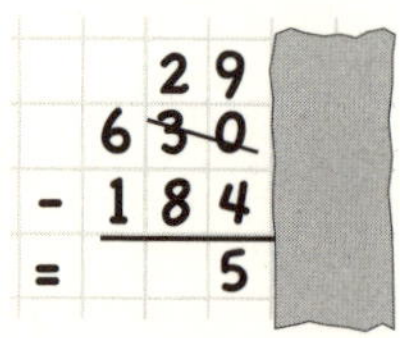

Nun müssen wir uns nur noch mit 62 – 18 befassen. Da 2 – 8 nicht geht, nehmen wir 1 von der 6 weg, sodass eine 5 bleibt, und schieben die 1 vor die 2. Damit bekommen wir 12 – 8 = 4 und schließlich ganz vorne 5 – 1 = 4.

Und hier haben wir jetzt die ganze Berechnung:

Jetzt wissen Sie, dass Sie noch 4.458 weitere Streichhölzer brauchen, um Ihr Schiffsmodell fertigzustellen. (Alternativ können Sie sich natürlich auch einfach ein anderes Hobby suchen.)

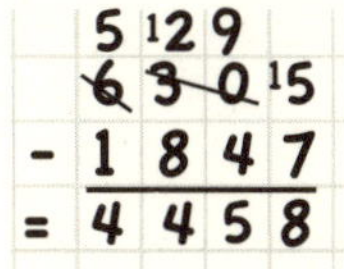

Die neue Methode

Heutzutage lernen die Kinder das Subtrahieren, indem sie mit der kleineren Zahl anfangen und dann so lange etwas hinzuzählen, bis sie die größere Zahl erreicht haben. Es ist dasselbe, wie es die Verkäuferin in Adams Backstube macht, wenn sie Ihnen das Wechselgeld gibt. Wenn Sie ihr 5 € für Gebäck geben, das 2,33 € kostet, sollte das Rückgeld 5 € – 2,33 € = 2,77 € betragen. Um sicherzugehen, dass die nette Bedienung das richtig ausgerechnet hat, gibt Ihnen die Verkäuferin einen begleitenden Kommentar: Zuerst nennt sie den Preis des Kuchens, dann zählt sie den Wert jeder Münze, die sie Ihnen gibt, wobei sie mit der kleinsten beginnt und weiterzählt, bis sie die 5 € erreicht.

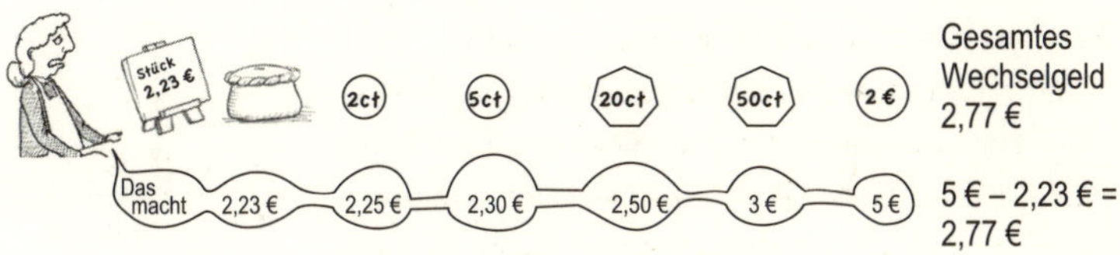

Eine ganz ähnliche Methode können Sie beim Subtrahieren benutzen. Schauen wir uns nochmal die Streichhölzer an. Wir brauchen die Lösung für 6.305 – 1.847. Fangen wir an, indem wir zu 1.847 Hölzchen hinzufügen und diese im Verlauf im Auge behalten.

1.847 + 3 = 1.850 ➜ Bisher haben wir 3 addiert.
1.850 + 50 = 1.900 ➜ Bisher haben wir 53 addiert.
1.900 + 100 = 2.000 ➜ Bisher haben wir 153 addiert.

2.000 + 4.000 = 6.000 ➔ Bisher haben wir 4.153 addiert.
6.000 + 300 = 6.300 ➔ Bisher haben wir 4.453 addiert.
6.300 + 5 = 6.305 ➔ Wir sind angekommen und haben insgesamt 4.458 addiert.

Genau das ist auch die Lösung: 6.305 – 1.847 = 4.458. Auf den ersten Blick treiben sich hier ziemlich viele Zahlen herum, aber mit ein bisschen Übung werden Sie damit zurechtkommen. Nett, oder?

Negative Zahlen

Eine negative Zahl hat immer ein Minuszeichen (–) vor sich stehen. Das + vor positiven Zahlen lassen wir weg, außer in Rechenaufgaben wie 3 + 6 – 4 = 5. Die 3, 6 und 5 sind positive Zahlen; die 4 ist eine negative Zahl.

Alle Zahlen sind entweder positiv (+) oder negativ (–).

Manchmal kann eine Rechenaufgabe zu einer negativen Lösung führen, vor allem, wenn es um Geld geht.

Jede Zahl, die geschuldet wird, wird abgezogen und ist daher negativ.

Es kann verwirrend sein, eine größere Zahl von einer kleineren abzuziehen. Um dies besser nachzuvollziehen, gibt es einen Trick: Man stelle sich eine Zahlenlinie vor, bei der die Null in der Mitte liegt. Positive Zahlen erstrecken sich in die eine Richtung, negative in die andere.

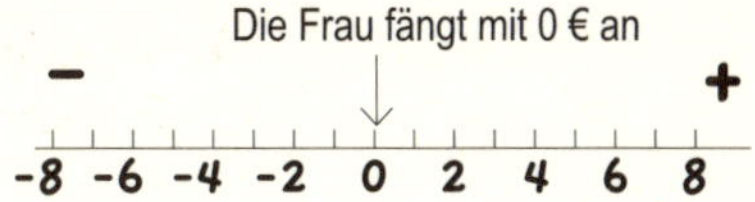

Wenn die Frau 5 € findet, bringt sie das fünf Schritte in die positive Richtung.

Aber wenn der Junge nach 7 € Taschengeld fragt, zieht sie das zurück über die Null hinaus, und sie landet auf der negativen Seite der Linie. Sie hat ihre 5 € abgegeben und schuldet immer noch 2 €.

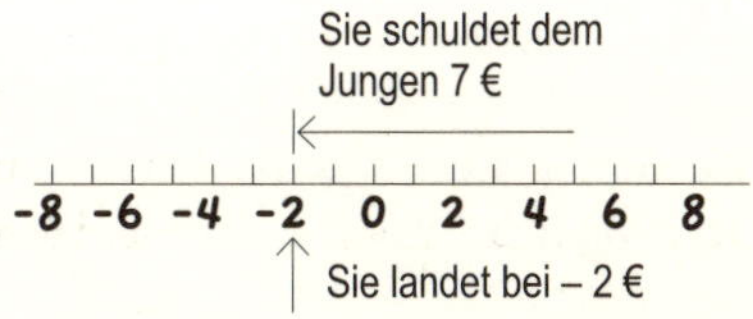

Bei größeren Zahlen ist es nicht immer so offensichtlich, wie viel man noch schuldet. Angenommen, Sie spielen Monopoly und besitzen 623 €. Sie landen auf der Goethestraße, auf der vier Häuser stehen. Sie schulden nun die Miete von 1.025 €. Sie geben Ihr ganzes Bargeld ab, aber es ist natürlich nicht genug, um den ganzen Betrag zu begleichen. Wie viel müssen sie noch bezahlen? Die Aufgabe lautet 623 €– 1.025 €.

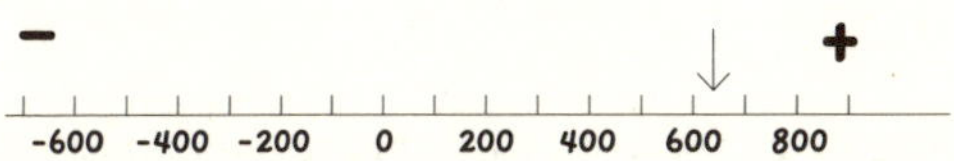

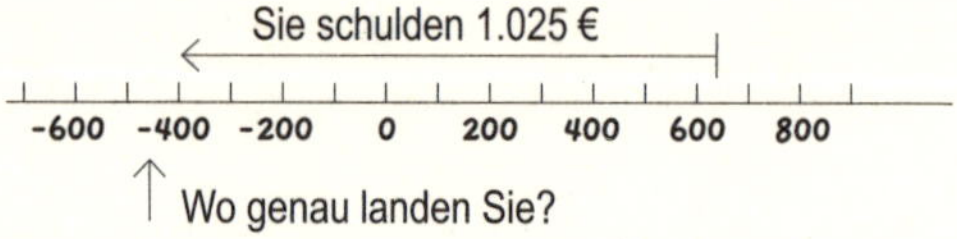

Es hilft, wenn man Subtraktionen in zwei getrennte Aufgaben zerlegt:

❶ Wenn Ihre negative Zahl größer ist, wird auch das Ergebnis negativ sein. Also vergessen Sie nicht, ein Minuszeichen voranzustellen, wenn Sie fertig sind.

❷ Finden Sie den *Unterschied* zwischen den beiden Zahlen heraus. Das bedeutet, Sie müssen die kleinere Zahl von der größeren abziehen. Der Unterschied zwischen 623 und 1.025 ist 1.025 – 623 = 402.

Jetzt nicht das Minuszeichen vergessen! Die Antwort ist – 402 €, und so viel müssen Sie noch bezahlen. Entweder das, oder sie schmeißen das Monopoly-Brett quer durchs Zimmer und sehen zu, wie all die kleinen Spielutensilien aus Plastik und Papier durch die Gegend fliegen. Man wird Sie nicht lieben, aber es wird trotzdem ein prima Gefühl sein.

MULTIPLIZIEREN

»Drei mal sieben ist einundzwanzig, vier mal sieben ist achtundzwanzig ...« Seien wir ehrlich: Das Einmaleins auswendig zu lernen gehört zu den langweiligsten Dingen überhaupt, aber leider ist es viel zu nützlich, als dass man es ignorieren könnte. Das Einmaleins wird allerdings gleich wesentlich sympathischer, wenn man ein paar Tricks, Abkürzungen und andere Geheimnisse kennt, die erklären, wie die Zahlen alle zusammenhängen.

Die Geheimnisse der Multiplikationstabelle

Diese Gittertabelle zeigt alle Rechenergebnisse von 1 x 1 bis 10 x 10. Sie enthält 100 Lösungen, daher wollen wir zunächst ein paar davon loswerden.

Wenn man mit 10 multipliziert, tut man nichts anderes, als eine Null an das Ende der betreffenden Zahl zu setzen. Das ist sehr einfach, und wenn wir zu den großen Multiplikationen kommen, brauchen wir nicht einmal das. Also trennen wir uns von der Zehnerreihe und der Zehnerspalte.

Wenn man bei einer Multiplikationsaufgabe die Seiten vertauscht, erhält man dasselbe Ergebnis, so ergeben etwa 3 x 7 und 7 x 3 beide 21. Damit können wir viele weitere Ergebnisse loswerden.

	1	2	3	4	5	6	7	8	9	10
1	1	2	3	4	5	6	7	8	9	10
2	2	4	6	8	10	12	14	16	18	20
3	3	6	9	12	15	18	21	24	27	30
4	4	8	12	16	20	24	28	32	36	40
5	5	10	15	20	25	30	35	40	45	50
6	6	12	18	24	30	36	42	48	54	60
7	7	14	21	28	35	42	49	56	63	70
8	8	16	24	32	40	48	56	64	72	80
9	9	18	27	36	45	54	63	72	81	90
10	10	20	30	40	50	60	70	80	90	100

Jetzt haben wir schon über die Hälfte der Tabelle geleert. Sehen wir mal, was übrig ist:

Die grau unterlegten Zahlen sind als Quadratzahlen oder einfach Quadrate bekannt. Es sind die Ergebnisse, die man bekommt, wenn man irgendeine Zahl mit sich selbst multipliziert. So hat zum Beispiel ein Schachbrett 8 quadratische Felder entlang jeder Seite, daher ist die Gesamtzahl der Quadrate auf dem Brett acht zum Quadrat. Man schreibt das als 8^2, was dasselbe ist wie 8 x 8 = 64.

	1	2	3	4	5	6	7	8	9
1	1								
2	2	4							
3	3	6	9						
4	4	8	12	16					
5	5	10	15	20	25				
6	6	12	18	24	30	36			
7	7	14	21	28	35	42	49		
8	8	16	24	32	40	48	56	64	
9	9	18	27	36	45	54	63	72	81

64 kleine Quadrate können ein großes Quadrat bilden, weil 64 eine Quadratzahl ist.

Aus 63 oder 65 kleinen Quadraten kann man keine vollkommenen großen Quadrate bilden, weil es keine Quadratzahlen sind.

Falls Multiplikationstabellen bei Ihnen Panikgefühle auslösen – Sie können die Felder auch auf andere Weise ausfüllen. Zuerst können Sie alle Quadratzahlen eintragen, indem Sie einfach die ungeraden Zahlen 1, 3, 5, 7 und so weiter addieren. Sie fangen mit 1 an, fügen 3 hinzu und erhalten 4. Zu dieser addieren Sie 5 und kommen zur 9, dann 7 dazu, und Sie sind bei der 16 … und so tauchen alle Quadratzahlen auf.

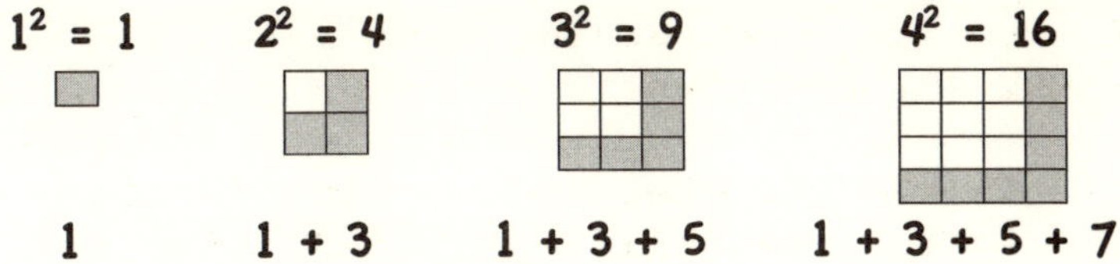

Wenn Sie irgendeine der Quadratzahlen in der Tabelle nehmen und von ihr die ungeraden Zahlen – beginnend mit 1 – subtrahieren, erhalten Sie die Zahlen auf der Diagonalen in Gegenrichtung.

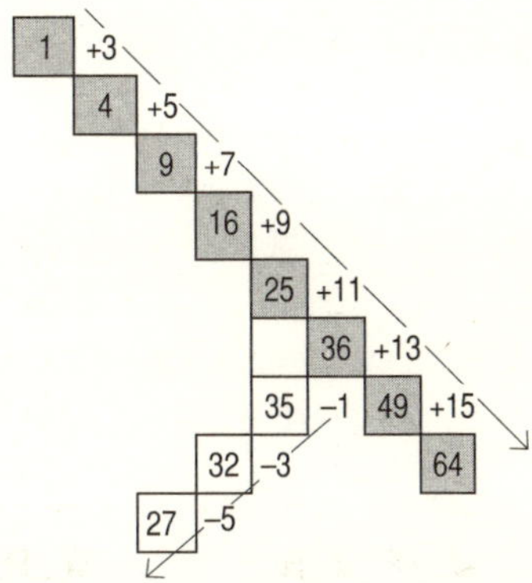

Wenn wir zum Beispiel mit der 36 anfangen und 1 abziehen, haben wir die 35. Ziehen wir von dieser 3 ab, erhalten wir die 32. Von dieser subtrahieren wir 5 und sind bei 27 etc. (Wenn Sie dieses Diagramm mit der Multiplikationstabelle weiter oben vergleichen, werden Sie sehen, dass die Zahlen genau übereinstimmen.)

Sie können den Rest der Tabelle auf genau dieselbe Weise ausfüllen, indem Sie die geraden Zahlen (2, 4, 6, 8 ...) verwenden. Schauen Sie auf die Diagonale 2, 6, 12, 20 unterhalb der Quadratzahlen: Sie können sie ausfüllen, indem Sie mit 2 anfangen, dann 4 addieren, dann 6, dann 8 und so weiter. Und wenn Sie dann irgendeins dieser Ergebnisse nehmen (etwa die 20), können Sie 2 abziehen, dann 4, dann 6 ..., um die Diagonale zu erhalten, die in die andere Richtung läuft (also 20 – 2 = 18, dann 18 – 4 = 14 und 14 – 6 = 8).

Mit Hilfe dieser Folgen von geraden und ungeraden Zahlen können Sie Multiplikationstabellen von beliebiger Größe herstellen, und das ohne jedes Multiplizieren!

Der Drei-Zahlen-Trick

Denken Sie sich drei aufeinanderfolgende Zahlen: Wenn man die erste und die letzte davon miteinander multipliziert, ist das Ergebnis immer um eins geringer als das Quadrat der mittleren Zahl.

Nehmen wir beispielsweise 6, 7 und 8 und schauen in der Einmaleins-Tabelle nach: Wir stellen fest, dass 6 x 8 = 48 ist und 7 x 7 (oder 7^2) = 49.

Das funktioniert bei allen Zahlen, die aufeinander folgen. Wenn Sie zufällig gerade wissen, dass 148^2 = 21.904 ist, wissen Sie auch, dass 147 x 149 = 21.903 ergibt.

(Warum ist das so? Es ist eines der kleinen Rätsel, die wir lösen können, wenn wir auf Seite 87 zur Algebra kommen.)

Primzahlen

Eine Primzahl kann man nur durch sich selbst und durch 1 teilen. Die 10 ist zum Beispiel keine Primzahl (sie ist durch 1, 2, 5 und 10 teilbar), und die 12 ist auch keine Primzahl (sie ist durch 1, 2, 3, 4, 6 und 12 teilbar), aber die 11 ist eine Primzahl (sie lässt sich nur durch sich selbst und 1 teilen).Wenn Sie versuchen, Dinge schön passend in Behälter zu packen ohne Platz zu verschwenden, sind Primzahlen lästig, weil man sie nicht so hübsch aufteilen kann.

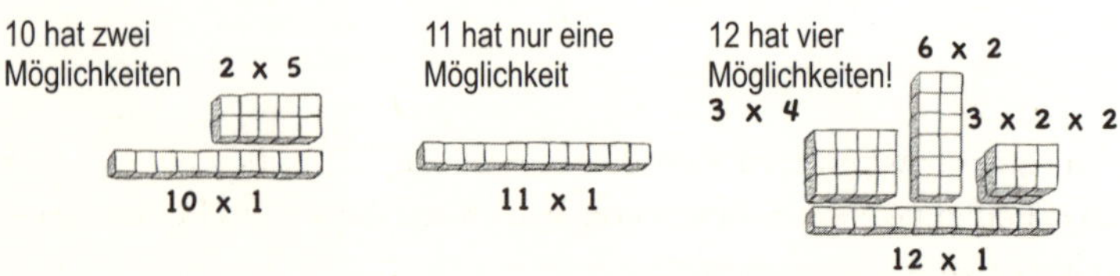

Die kleinste Primzahl ist die 2. Sie ist außerdem die einzige gerade Primzahl, weil sich alle anderen geraden Zahlen durch 2 teilen lassen. Die nächsten Primzahlen sind 3, 5, 7, 11, 13, 17, 19, 23 ... Die Reihe ist unendlich.

In dieser Übersicht sehen Sie alle Zahlen von 1 bis 100, wobei die Primzahlen weiß hervorgehoben sind. Man kann leicht erkennen, wo Primzahlen ganz bestimmt nicht auftauchen werden, denn nach der obersten Reihe können Primzahlen nicht auf 2, 4, 6, 8, oder 0 enden (weil sie sich dann immer durch 2 teilen lassen), und sie können nicht auf 5 enden (weil sie sich dann durch 5 teilen lassen). Was aber bisher niemand geschafft hat, ist vorherzusagen, wo Primzahlen mit Sicherheit auftauchen. Einmal gab es viel Aufregung, weil 31 eine Primzahl ist und ebenfalls 331 und 3.331 und 33.331 und 333.331 und so weiter. Es sah so aus, als ob jede beliebige Folge von Dreiern mit einer 1 dahinter eine Primzahl wäre, bis jemand alles kaputt machte, indem er herausfand, dass 333.333.331 sich durch 17 und 19.607.843 teilen lässt. Falls es Ihnen gelingen sollte, ein Muster in den Primzahlen zu entdecken, wird man sich an Ihren Namen noch erinnern, nachdem alle Berühmtheiten, die diesen Planeten derzeit bevölkern, lange vergessen sind.

Die Fachleute können sich nicht entscheiden, ob die 1 eine Primzahl ist. Normalen Menschen ist das egal ...

1	2	3	4	5	6	7	8	9	10
11	12	13	14	15	16	17	18	19	20
21	22	23	24	25	26	27	28	29	30
31	32	33	34	35	36	37	38	39	40
41	42	43	44	45	46	47	48	49	50
51	52	53	54	55	56	57	58	59	60
61	62	63	64	65	66	67	68	69	70
71	72	73	74	75	76	77	78	79	80
81	82	83	84	85	86	87	88	89	90
91	92	93	94	95	96	97	98	99	100

Fingertabellen

Eine der schwierigeren Reihen im Einmaleins ist die Neunerreihe, aber heutzutage kann Ihnen fast jedes Kind eine hübsche Methode zeigen, damit klarzukommen.

Halten Sie Ihre Hände hoch und stellen Sie sich vor, Ihre Finger wären von links nach rechts von 1 bis 10 nummeriert. Biegen Sie den Finger zurück, mit dem Sie 9 multiplizieren wollen. Jetzt zählen Sie, wie viele Finger sich links und rechts von dem zurückgebogenen befinden – die ergeben die Lösung, wie Sie in der Zeichnung sehen können.

Wie man 7 x 9 ausrechnet

Finger Nr. 7 ist zurückgebogen

6 Finger | 3 Finger

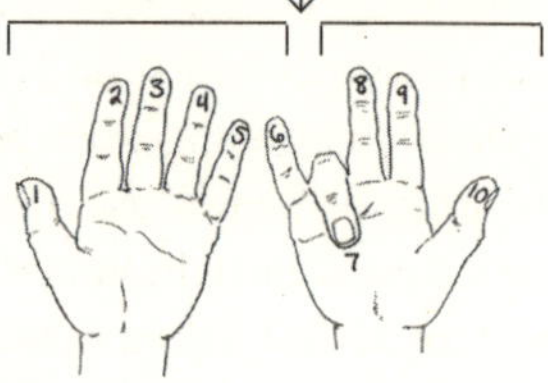

Lösung 7 x 9 = 63

Hier kommt etwas noch Seltsameres.

Wenn Sie das Einmaleins bis 5 x 5 kennen, können Sie jede Multiplikation von 6 x 6 bis 10 x 10 mit den Fingern machen. Stellen Sie sich zunächst vor, die Finger jeder Hand wären mit 6, 7, 8, 9 und 10 nummeriert.

1) Um 7 x 8 zu multiplizieren, legen Sie die entsprechenden Finger aufeinander (die Daumen mit der 10 nach oben).

2) Stellen Sie sich eine Linie vor, die über diesen Fingern verläuft.

3) Um die Einer zu bekommen, zählen Sie die Finger an beiden Händen, die über dieser Linie liegen und multiplizieren sie. Hier ist das 3 x 2 = 6.

4) Um die Zehner zu bekommen, addieren Sie die Finger unterhalb der Linie. Hier sind es 5 Finger, das ergibt 50.

5) Addieren Sie die Zehner zu den Einern, und Sie haben die Lösung: 50 + 6 = 56.

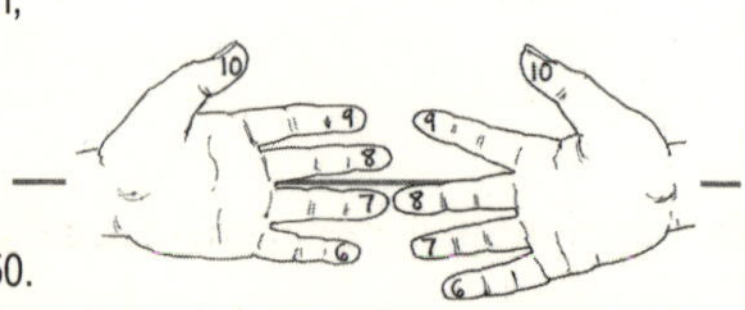

Nur um zu zeigen, ob es immer klappt, machen wir noch 7 x 6:

Einer: 4 x 3 = 12

Zehner: 2 + 1 = 3 Zehner = 30

Zusammengezählt: 30 + 12 = 42

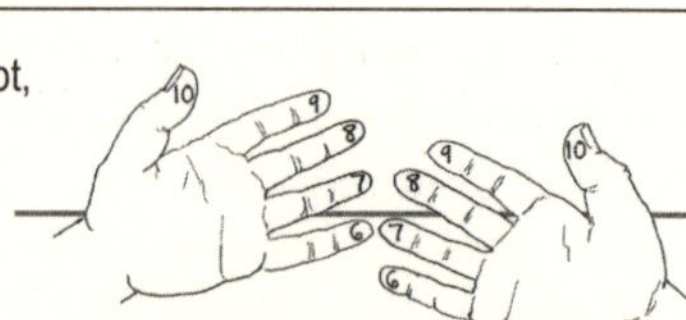

Multiplikation mit grossen Zahlen

Um in der tiefsten Wildnis zu campen, müssen Sie 693 Kilometer fahren. Nehmen wir an, Sie wollten das wirklich tun, und überspringen wir das Campen selbst und stellen wir uns Folgendes vor: Wenn Sie wieder zu Hause angekommen sind, stellen Sie fest, dass Ihnen Ihr Hausschlüssel beim Zusammenpacken des Zelts aus der Tasche gefallen sein muss. Sie fahren zurück und finden ihn, und wenn Sie dann erneut zu Hause ankommen, sind Sie die Strecke vier Mal gefahren. Wie viele Kilometer haben Sie zurückgelegt?

Sie sind bei Ihrer Heimkehr vermutlich nicht in der Stimmung für Rechenaufgaben, aber wenn Sie es aus irgendeinem komischen Grund doch ausrechnen wollen, wird klar, dass wir jetzt nicht mehr beim kleinen Einmaleins sind. Der Trick besteht darin, immer nur ein kleines Teilstück zu multiplizieren. Das bedeutet: Sie brauchen nie etwas Größeres als 9 zu multiplizieren. Hier folgt die Gebrauchsanleitung für 693 x 4.

❶ Schreiben Sie die Aufgabe so hin:

```
    693
x     4
  -----
=
```

❷ Sie multiplizieren nacheinander die 3, die 9 und die 6 mit der 4, wobei Sie darauf achten, dass die Ergebnisse an die richtigen Stellen kommen. Beginnen Sie rechts bei den Einern und rechnen Sie 3 x 4 = 12. Schreiben Sie die 2 unter die 4, und schreiben Sie eine kleine 1 über die nächste Stelle in der Lösungszeile.

```
    693
x     4
  -----
=    ¹2
```

So wird die 12 eingetragen.

❸ Jetzt rechnen Sie 9 x 4 = 36 und zählen die kleine 1 dazu, was 37 ergibt. Fügen Sie die 7 unten zur Lösung, und schreiben Sie eine kleine 3 über die nächste Stelle.

❹ Schließlich kommt noch 6 x 4 = 24. Zählen Sie die kleine 3 dazu, sodass sich 27 ergibt. Jetzt ist nichts mehr zum Multiplizieren übrig, daher schreiben Sie die 27 unten hin und vollenden die Lösung. Sie können sich auf die Schulter klopfen. (Vielleicht hilft Ihnen das über das Gefühl hinweg, dass Sie ziemlich blöd waren, nicht auf Ihren Schlüssel aufzupassen.)

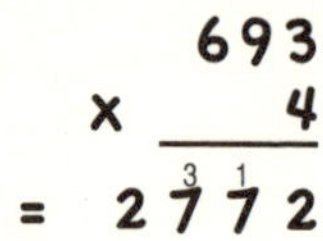

Jetzt multiplizieren wir noch größere Zahlen. Wenn man 517 x 38 ausrechnen muss, war es früher so, dass man erst 517 x 30 ausrechnete, dann 517 x 8 und dann die beiden Ergebnisse addierte. Das ist hässlich, aber es funktioniert.

❶ Schreiben Sie die Aufgabe wie nebenstehend hin und machen Sie ein paar Extra-Linien darunter. Als Erstes machen wir uns an 517 x 30. Beginnen Sie damit, eine 0 unter die 8 zu schreiben. Das sorgt dafür, dass der Rest der Lösung an die richtigen Stellen kommt.

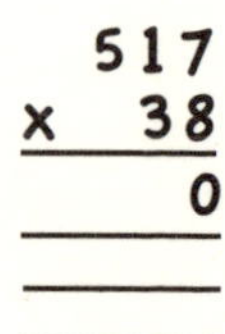

❷ Als Nächstes rechnen Sie 517 x 3 aus (die 0 von der 30 haben wir bereits hingeschrieben). Beginnen Sie mit 7 x 3 = 21. Die 1 kommt in dieselbe Spalte wie die 3, und dann schreiben Sie eine kleine 2 in die nächste Spalte. Aufpassen: Nun kommt 1 x 3 = 3.

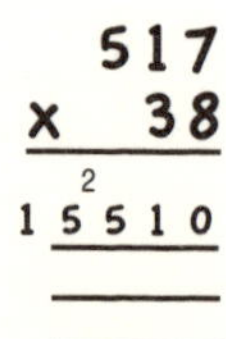

(Man übersieht leicht eine Zahl, wenn man unaufmerksam ist.) Zu der 3 wird die kleine 2 addiert, was 5 ergibt, und die 5 kommt nach unten zur Lösung. Schließlich haben wir noch 5 x 3 = 15, und das kommt ganz nach vorne.

```
   517
  x 38
  ----
    2
 15510
  ----
   15
  4136
  ----
  ----
```

❸ Jetzt rechnen Sie 517 x 8 und schreiben das Ergebnis auf die nächsttiefere Linie. Sie fangen mit 7 x 8 = 56 an, und die 6 kommt in dieselbe Spalte wie die 8.

❹ Wenn Sie 517 x 30 und 517 x 8 ausgerechnet haben, zählen Sie die beiden Ergebnisse zusammen. 15.510 + 4.136 = 19.646, das ist das Endergebnis.

```
   517
  x 38
  ----
    2
 15510
  ----
   15
  4136
  ----
 19646
  ----
```

Die idiotensichere Art des Multiplizierens

Diese Methode verlangt etwas mehr Vorbereitung als die alte Methode, dafür werden aber auch alle Zahlen korrekt miteinander multipliziert und alle Ergebnisse kommen in die richtigen Spalten.

Um 517 x 38 auszurechnen, beginnt man, indem man ein Gitter zeichnet, bei dem diagonale Linien durch die Kästchen laufen – so wie im Bild. Die Zahlen, die multipliziert werden sollen, schreibt man über das Gitter und an die Seite.

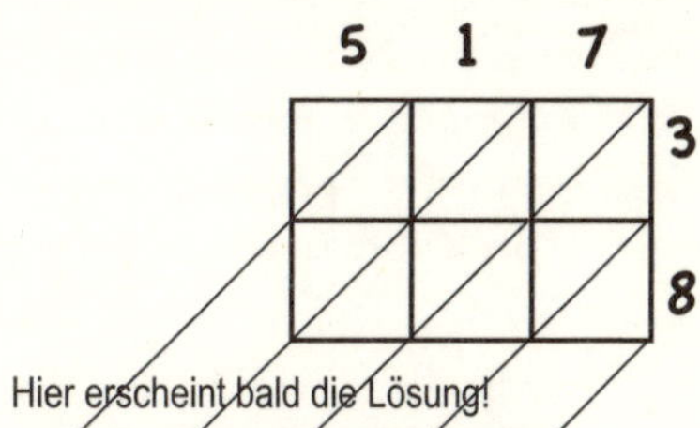

Jetzt füllen wir jedes Kästchen, indem wir die Zahl oben mit der

Zahl rechts an der Seite multiplizieren. Um zum Beispiel das obere linke Kästchen zu füllen, rechnen wir 5 x 3 = 15. Die 15 kommt in das Kästchen, wobei die Eins über die Diagonale und die 5 unter sie geschrieben wird.

Wenn bei einer dieser Rechnungen eine einstellige Zahl herauskommt (etwa 1 x 3 = 3), dann schreiben wir diese 3 als 03, und die 0 kommt über die Diagonale, die 3 darunter.

Wenn alle Kästchen ausgefüllt sind, werden einfach die Zahlen entlang der Diagonalen von rechts nach links addiert. (Beachten Sie, dass 8 + 5 + 1 = 14 ist, sodass die 4 unten hingeschrieben wird und eine kleine 1 in die nächste schräge Spalte kommt.)

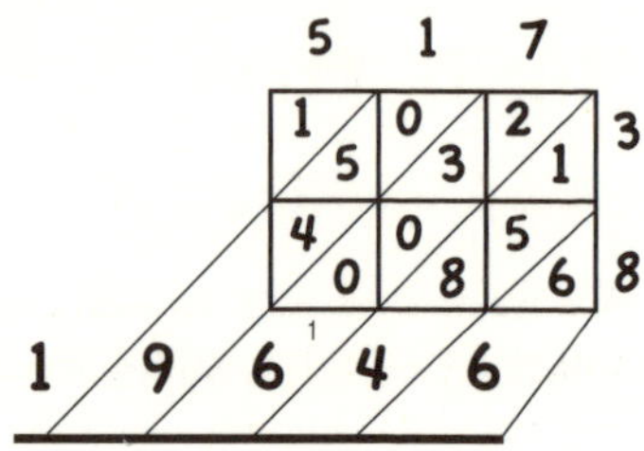

Altmodische Menschen bevorzugen vielleicht die einfachere Darstellungsweise, doch auch sie werden wahrscheinlich einräumen, dass leicht eine Ziffer verrutschen kann, wenn es um hässliche Dezimalzahlen* wie 64,29 x 27,3 geht. Mit solchen Gittern gibt es keine Probleme: Wenn nur eine Zahl ein Dezimalkomma hat, schreiben Sie diese Zahl auf die rechte Seite und folgen dann der Diagonalen vom Komma aus bis nach unten.

Um herauszufinden, wo das Dezimalkomma im Ergebnis stehen muss, schaut man, wo sich die Linien der beiden ursprünglichen Kommas treffen, und folgt von dort der Diagonale bis nach unten.

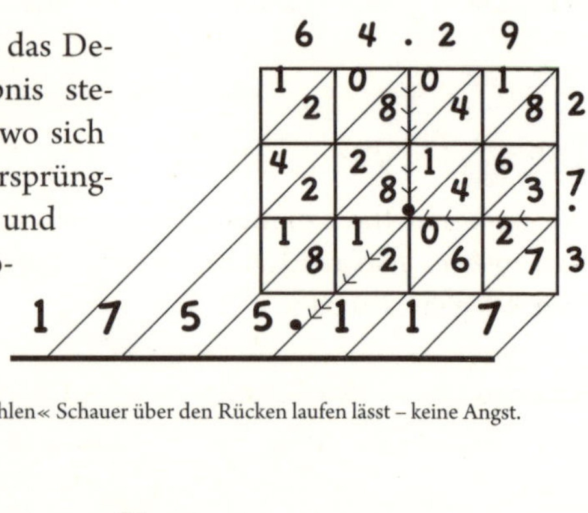

* Wenn Ihnen das Wort »Dezimalzahlen« Schauer über den Rücken laufen lässt – keine Angst. Es wird alles noch erklärt.

Wenn nur eine Zahl ein Dezimalkomma hat, schreiben Sie diese Zahl auf die rechte Seite und folgen dann der Diagonalen vom Komma aus bis nach unten.

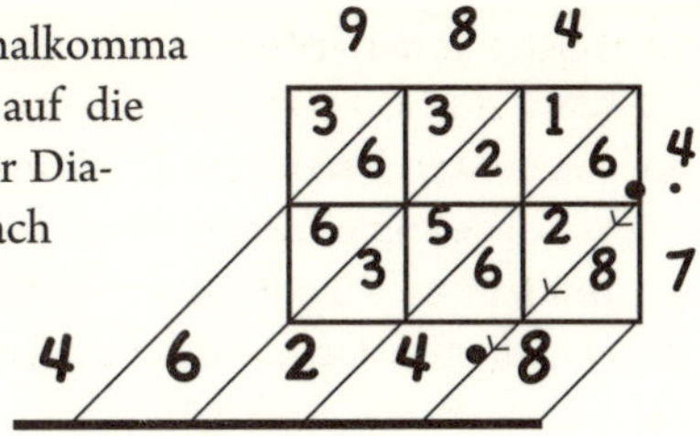

Hunderter und Tausender multiplizieren

Was ist 3.000 x 900? Einfach: Man multipliziert nur die Ziffern am Anfang (3 x 9 = 27), zählt dann alle Nullen am Ende der Zahlen und fügt sie an das Ergebnis an. Hier haben wir fünf Nullen, wodurch wir als Ergebnis 2.700.000 bekommen.

Man muss nur ein bisschen bei solchen Sachen aufpassen: 7.500 x 80. Zuerst multipliziert man 75 x 8 = 600. Jetzt muss man drei *zusätzliche* Nullen anhängen, denn so viele waren in den Anfangszahlen. Das Ergebnis ist 600.000.

Heißt die Aufgabe 1.030 x 50, dann rechnet man erst 103 x 5 = 515. Dann fügt man einfach die beiden Nullen an und erhält 51.500. Die Null in der Mitte von 103 wird nicht einbezogen, denn die ist ja schon berücksichtigt worden, als wir 103 x 5 ausrechneten.

Negative Zahlen multiplizieren

Wenn *nur eine* Ihrer zu multiplizierenden Zahlen negativ ist, ist auch das Ergebnis negativ. Multiplizieren Sie dagegen *zwei* negative Zahlen, ist das Ergebnis positiv.

$3 \times 2 = 6$ $3 \times -2 = -6$ $-3 \times 2 = -6$ $-3 \times -2 = +6$

Warum ergibt negativ x negativ = positiv?

Am leichtesten lässt sich das mit einem hübschen Beispiel aus der Praxis erläutern: Stellen Sie sich vor, Sie laufen in dichtem Nebel von der Bushaltestelle nach Hause. Ihre Geschwindigkeit beträgt 3 km/h. Das ist eine positive Geschwindigkeit, daher sind Sie nach 1 Stunde 3 Kilometer näher an Ihrem Heim.

Jetzt stellen Sie sich vor, Sie laufen in die falsche Richtung, ebenfalls mit 3 km/h. Das ist eine negative Geschwindigkeit von – 3 km/h, und nach 1 Stunde sind Sie 3 Kilometer weiter von Ihrer Wohnung weg.

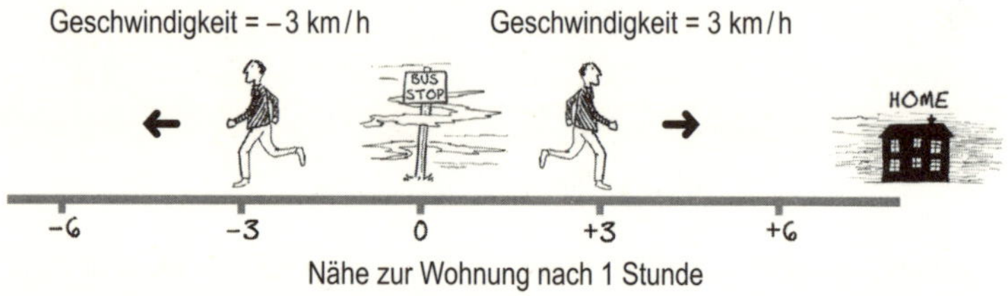

Wir fangen nochmal an der Bushaltestelle an, aber dieses Mal beschließen Sie, doppelt so schnell zu laufen. Wenn Sie die richtige Richtung wählen, laufen Sie mit 3 x 2 = 6 km/h. Entscheiden Sie sich für die falsche Richtung, dann laufen Sie mit – 3 x 2 = –6 km/h.

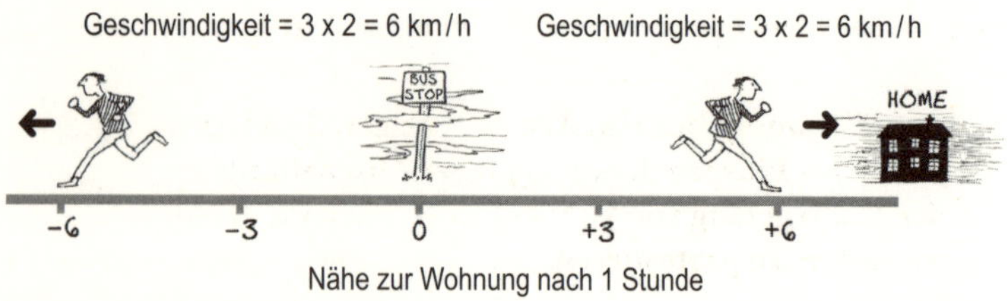

Jetzt fangen wir noch ein letztes Mal an der Bushaltestelle an, aber vergessen Sie nicht, es ist immer noch dichter Nebel, und Sie haben diesmal das Gefühl, Sie könnten vielleicht die falsche Richtung einschlagen. Daher verdoppeln Sie nicht nur Ihre Geschwindigkeit, sondern Sie laufen rückwärts. Das ist, als ob Sie Ihre Geschwindigkeit mit – 2 multiplizierten. Wenn Sie in die richtige Richtung blickten, würden Sie sich doppelt so schnell von Ihrem Haus entfernen und Ihre Geschwindigkeit betrüge 3 x – 2 = –6 km/h. Würden Sie aber die Richtung fort von Ihrem Haus einschlagen und rückwärts laufen, betrüge Ihre Geschwindigkeit – 3 x – 2 = +6 km/h. Sie würden in Wirklichkeit doppelt so schnell nach Hause laufen.

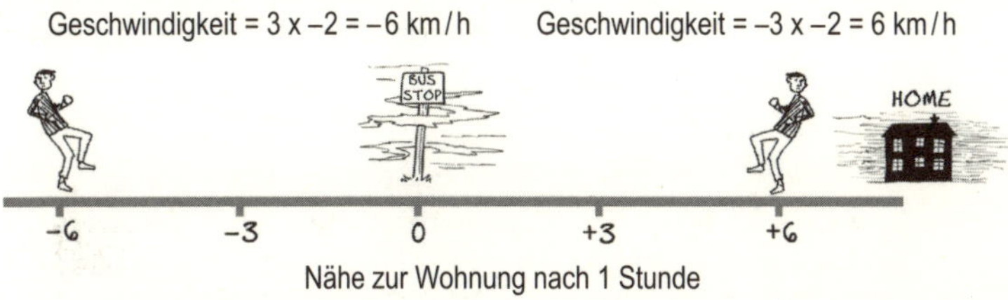

(Nehmen Sie bitte zur Kenntnis: Wir haben gerade bewiesen, dass rückwärts im Nebel in die falsche Richtung zu laufen genauso gut ist wie vorwärts in die richtige Richtung zu laufen. Jedoch ist dies nur ein mathematisches Beispiel. Autor und Verlag übernehmen keine Verantwortung für Unfälle durch … Sie wissen schon, was gemeint ist.)

Es sind nicht nur Rechenaufgaben, in denen sich Negatives gegenseitig aufhebt. Manchmal enthalten Zeitungsartikel derart viele Negativa, dass man nicht versteht, was gemeint ist. Wie hier zum Beispiel:

Mrs. Beaumont bestritt, dass sie sich geweigert habe, gegen den Einspruch bezüglich der Abschaffung der Maßregelung von Fußballern, die sich ihr Trikot ausziehen, zu protestieren.

Gefallen Mrs. Beaumont nun Fußballer mit nacktem Oberkörper oder nicht? Ich gebe Ihnen einen Hinweis: Sie hat ihre Jahreskarte in derselben Tasche wie ihr Opernglas.

Drei Tricks mit Taschenrechnern

❶ Nehmen Sie einen Taschenrechner und tippen Sie 12345679 ein (die 8 wird weggelassen). Jetzt multiplizieren Sie das mit irgendeiner Zahl aus dem Neuner-Einmaleins (also etwa 9 oder 18 oder 27 …

❷ Nehmen Sie irgendeine Zahl zwischen 100 und 999 und tippen Sie sie in einen Taschenrechner. Dann multiplizieren Sie sie, indem Sie diese Tasten drücken: x 7 x 11 x 13 =

❸ Wählen Sie irgendeine Zahl zwischen 10 und 99 und tippen Sie sie in einen Taschenrechner. Nun drücken Sie diese Tasten: x 3 x 7 x 13 x 37 =

Und wenn Sie nur das Zweier-Einmaleins kennen …

Unglaublich, aber wahr! Man kann zwei beliebige Zahlen multiplizieren, allein indem man sie mit zwei multipliziert oder durch zwei dividiert. Man nennt das die Russische Bauern-Multiplikation, obwohl schon die alten Ägypter diese Methode benutzten, manche Computersysteme es immer noch tun und – soweit wir wissen – außerirdische Lebensformen ohne sie einfach nicht leben können. So multipliziert man 326 mit 28, indem man nur das Zweier-Einmaleins benutzt:

1) Schreiben Sie die zu multiplizierenden Zahlen (326 und 28) oben auf das Blatt, und ziehen Sie zwischen ihnen eine senkrechte Linie.

2) Teilen Sie die erste Zahl (326) durch zwei und schreiben Sie das Ergebnis darunter. Teilen Sie weiter durch zwei – ignorieren Sie dabei alle Reste (etwa 81 durch 2 = 40 Rest 1) –, und schreiben Sie die Ergebnisse untereinander bis Sie 1 erreichen.

326	~~28~~
163	56
81	112
40	~~224~~
20	~~448~~
10	~~896~~
5	1792
2	~~3584~~
1	7168
	= 9128

3) Multiplizieren Sie die zweite Zahl (28) immer weiter mit zwei, und schreiben Sie die Ergebnisse neben die Zahlen der ersten Spalte bis Sie bei der 1 ankommen.

4) Streichen Sie jene Zahlen der rechten Spalte durch, die einer geraden Zahl in der linken Spalte gegenüberstehen.

5) Addieren Sie die verbliebenen Zahlen in der rechten Spalte. Das war's.

DIVIDIEREN

Wenn es das Dividieren nicht gäbe, wäre Mathe so viel einfacher. Wenn wir einfach nur zwei kleine Zahlen nehmen und versuchen, sie zu addieren (+), subtrahieren (–) und multiplizieren (x) und dann zu dividieren (÷), dann sehen wir, warum. Nehmen wir 9 und 7:

9 + 7 = 16 … *einfach!*
9 – 7 = 2 … *einfach!*
9 x 7 = 63 … *keine große Sache.*

Aber wenn wir uns an 9 ÷ 7 versuchen, gibt es mindestens drei Arten, die Lösung darzustellen:

9 ÷ 7 = 1 Rest 2
9 ÷ 7 = 1 $^{2}/_{7}$ (oder, ungekürzt, auch $^{9}/_{7}$)
9 ÷ 7 = 1,2857142857 … *igitt!*

Aufteilen

Wir machen uns anfangs zunächst keine Sorgen wegen Brüchen oder Dezimalzahlen; stattdessen fangen wir bescheiden mit ganzen Zahlen an. Wenn wir uns über das Geschehen im Klaren sind, ist immer noch Zeit, die Drehzahl zu erhöhen.

Auf einer Geburtstagsparty sind 8 Kinder, und die Mutter hat 24 Schaumküsse eingekauft. Wie viele Schaumküsse bekommt jedes Kind? Die Aufgabe lautet: Wie viel Mal passt acht in vierundzwanzig? Die Wörter »acht« und »Mal« erinnern uns an das Einmaleins, und das teilt uns mit, dass 8 x 3 = 24 ist. Das wiederum verrät uns bereits, dass umgekehrt 24 ÷ 8 = 3 ist, weshalb jedes Kind drei Mohrenköpfe bekommt. Weil trotzdem an dieser Stelle einige Menschen bereits verwirrt sind, betrachten wir es als Bild aus Punkten:

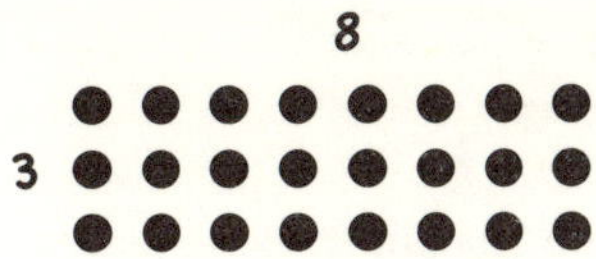

$8 \times 3 = 24$

$\frac{24}{8} = 3$

Wenn man 24 in 8 Teile aufteilt, sind in jedem Teil 3.

Grössere Zahlen dividieren

Das war nicht allzu schwer, denn 24 erscheint im Einmaleins der Acht. Das Leben wird beschwerlicher, wenn die 8 Kinder 53 Ballons unter sich aufteilen sollen. Wie viel Mal passt 8 in 53?

Dummerweise taucht die 53 nicht im Achter-Einmaleins auf, deshalb müssen wir eine Lösung finden, die so nah wie möglich bei 53 liegt, es aber nicht überschreitet – denn mehr Ballons verteilen, als da sind, funktioniert nicht. Die Rechenaufgabe, die wir brauchen, lautet 8 x 6 = 48: Dadurch kann jedes Kind 6 Ballons haben, womit wir 48 davon schon mal los wären. Wenn wir 53–48 ausrechnen, erfahren wir, dass 5 Ballons übrig sind. Es lohnt sich, so etwas auszurechnen, denn wenn Sie vermeiden wollen, dass die Kinder herumschreien und sich prügeln, weil jedes einen Extra-Ballon will, wissen Sie nun, dass sie 5 Ballons unauffällig platzen und in der Mülltonne verschwinden lassen müssen, bevor Sie die anderen 48 verteilen.

So, und nun haben Sie einen Eimer mit 3.721 Bonbons, die gerecht unter den 8 Kindern aufgeteilt werden sollen. Wieder reicht das Achter-Einmaleins nicht aus, also müssen wir eine größere Divisionsaufgabe bewältigen. Sie wird fies aussehen, und wahrscheinlich wurden Sie ohnmächtig, als Ihnen in der Schule zum ersten Mal so etwas begegnete. Egal, hier kommt eine zweite Chance, mit an Bord zu kommen. Das Geheimnis liegt darin, dass wir uns immer nur mit einem kleinen Stückchen befassen müssen und alles Übrige ignorieren können. Wenn Sie wollen, können Sie mit einem Blatt Papier die Stückchen abdecken, die gerade nicht gebraucht werden; es hilft außerdem dabei, alle Ergebnisse an die richtigen Stellen zu bringen. Wir fangen auf der linken Seite an und halten uns an diese Abfolge: 1) Dividieren, 2) den Rest ausrechnen, 3) weitergehen. Fertig? Wir starten …

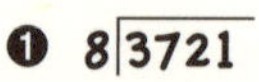

Schreiben Sie die Aufgabe so hin wie hier. Das Ergebnis finden Sie am Schluss oben auf der Linie.

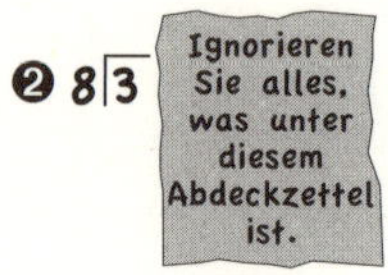

Zu Anfang müssen wir nur entscheiden, ob 8 in 3 passt. Das tut es nicht, daher brauchen wir die nächste Zahl.

8 passt 4 Mal in 37 (schreiben Sie die 4 oben auf die Linie), aber was bleibt als Rest?

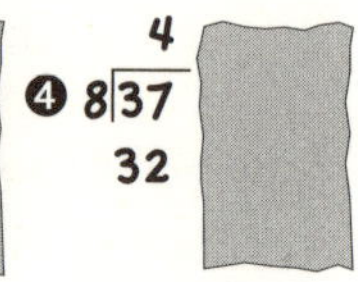

Multiplizieren sie 8 x 4, um 32 zu erhalten, und schreiben Sie dies unter die 37.

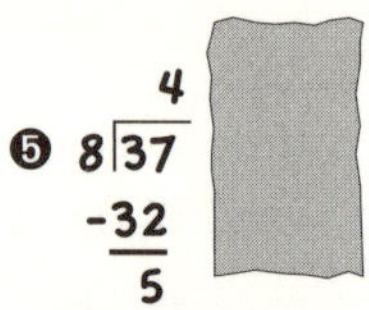

Subtrahieren Sie 37 – 32, so erhalten Sie als Rest 5. Schreiben Sie ihn unter die Subtraktionsaufgabe.

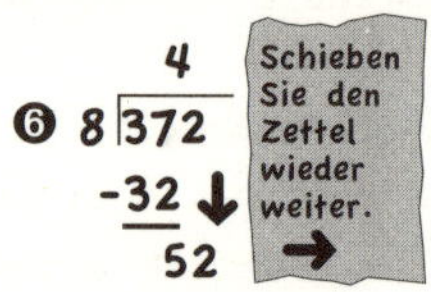

Bringen Sie die 2 entlang des Pfeils nach unten und hängen Sie sie auf diese Weise an die übrige 5 an. Die neue Zahl lautet 52. Teilen Sie 52 durch 8.

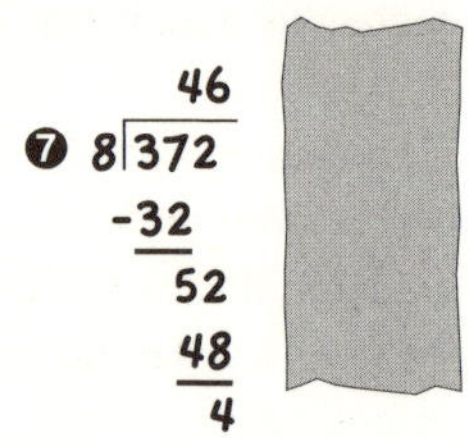

Die 8 passt 6 Mal in 52. Schreiben Sie die 6 oben auf die Linie rechts neben die 4. Dann rechnen Sie 6 x 8 = 48, schreiben die 48 unter die 52 und subtrahieren sie, dann erhalten Sie als Rest 4.

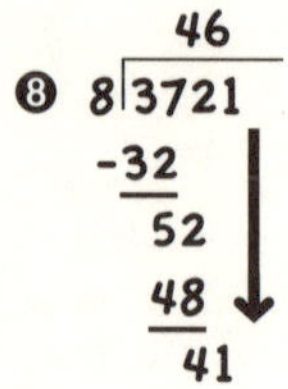

Wir haben das letzte Teilstück der Aufgabe erreicht. Ziehen Sie die 1 entlang des Pfeils nach unten und hängen Sie sie an die 4 an. Teilen Sie 41 durch 8. Das ergibt 5 mit einem Rest von 1.

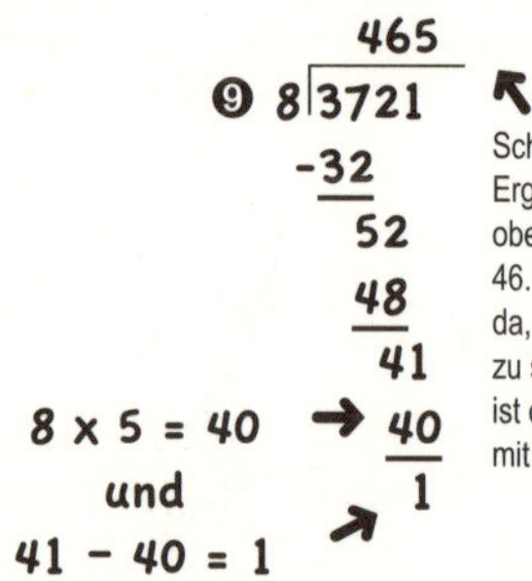

Schreiben Sie das Ergebnis 5 mit nach oben rechts neben die 46. Es ist nichts mehr da, um es nach unten zu schreiben, daher ist das Ergebnis 465 mit einem Rest von 1.

Ich habe hier jeden kleinen Schritt dargestellt, aber mit Übung können Sie Sachen wie 37 ÷ 8 = 4 Rest 5 im Kopf ausrechnen und müssen nicht alles haarklein aufschreiben. Stattdessen sieht es dann so aus:

Teilen Sie 3721 durch 8, indem Sie die einzelnen Ziffern von links her teilen: 3 durch 8 geht nicht.

$$8\overline{)3721}$$

Rutschen sie nach rechts: 8 passt 4 Mal in 37 mit einem Rest von 5. Schreiben Sie eine 4 über die 7 sowie eine kleine 5 vor die 2.

$$\begin{array}{r} 4 \\ 8\overline{)37\,{}^{5}21} \end{array}$$

Weiter nach rechts: 8 passt 6 mal in die 52 mit einem Rest von 4. Schreiben Sie die 6 über die 2, und setzen Sie eine kleine 4 vor die 1.

$$\begin{array}{r} 4\;6 \\ 8\overline{)37\,{}^{5}2\,{}^{4}1} \end{array}$$

Und weiter: 8 passt 5 Mal in 41 mit einem Rest von 1. Schreiben Sie die 5 oben zum Ergebnis. Da wir jetzt am Schluss einen Rest 1 haben, ist dies der Rest bei der gesamten Aufgabe.

$$\begin{array}{r} 4\;6\;5 \\ 8\overline{)37\,{}^{5}2\,{}^{4}1} \end{array}$$

Kann ich eine bestimmte Zahl durch … teilen?

2 Alle geraden Zahlen lassen sich durch 2 teilen.

3 Zählen Sie die einzelnen Ziffern zusammen. Wenn sich das Ergebnis durch 3 teilen lässt, gilt das auch für die gesamte Zahl. Um herauszufinden, ob sich 438 durch 3 teilen lässt, addieren Sie 4 + 3 + 8 = 15. Da 15 sich durch 3 teilen lässt, funktioniert das auch mit der 438.

4 Sehen Sie sich die letzten zwei Ziffern an. Wenn die Zehner-Ziffer gerade und die letzte Ziffer eine 0, 4 oder 8 ist, dann ist die Zahl durch 4 teilbar. Ist die Zehner-Ziffer ungerade, muss die letzte Ziffer eine 2 oder 6 sein.

5 Wenn die Zahl auf 5 oder 0 endet, ist sie durch 5 teilbar.

6 Da 6 = 2 x 3 gilt: Wenn die Zahl gerade ist und sich außerdem durch 3 teilen lässt, lässt sie sich auch durch 6 teilen.

7 Nehmen Sie die letzte Ziffer und multiplizieren Sie sie mit 2. Ziehen Sie das Ergebnis von dem vorderen übrigen Teil der Zahl ab. Wenn das Ergebnis 0 ist oder sich durch 7 teilen lässt, lässt sich auch die ursprüngliche Zahl durch 7 teilen. Nehmen wir als Beispiel 364: Wir nehmen die 4, multiplizieren sie mit 2 und erhalten 8. Wir ziehen die 8 von 36 ab und erhalten 28. Da 28 sich durch 7 teilen lässt, gilt das auch für 364.

9 Das funktioniert wie bei der 3. Zählen Sie die einzelnen Ziffern zusammen. Wenn sich das Ergebnis durch 9 teilen lässt, lässt sich auch die Zahl durch 9 teilen.

10 Das ist am einfachsten: Wenn die Zahl auf 0 endet, lässt sie sich durch 10 teilen.

11 Das hier ist wirklich hübsch. Schreiben Sie Ihre Zahl hin und setzen Sie abwechselnd + und – vor die einzelnen Ziffern. Rechnen Sie dann das Ergebnis aus, indem Sie entsprechend addieren und subtrahieren. Wenn das Ergebnis 0 ist oder sich durch 11 teilen lässt, lässt sich die Zahl durch 11 teilen.

Um herauszufinden, ob sich 49.137 durch 11 teilen lässt, schreiben Sie: + 4 – 9 + 1 – 3 + 7. Das Ergebnis ist 0, und damit lässt sich 49.137 durch 11 teilen.

Lange Zahlen dividieren

Es gibt Dinge im Leben, die man nie machen muss. Man muss nicht Golf spielen, man muss nicht alle seine Konservenbüchsen mit dem Etikett nach vorne ausrichten, man muss das Kreuzworträtsel in der Zeitung nicht bis zu Ende lösen, und dank der Taschenrechner muss man keine großen Zahlen dividieren. Aber … falls Sie sich insgeheim fragen, ob Sie die Begabung haben, mit großen Zahlen zu kämpfen und sie zu besiegen, muss Ihnen das nicht peinlich sein. Im Gegensatz zu Hobbys wie Lokomotivnummern sammeln, Synchronschwimmen oder Wagenwaschen können Sie dem Dividieren von langen Zahlen in der Verschwiegenheit Ihres Wohnzimmers nachgehen, und niemand braucht es jemals zu erfahren.

Es kommt ziemlich selten vor, dass man eine große Zahl durch eine andere große Zahl teilen muss und ein genaues Ergebnis braucht, aber gelegentlich passiert es doch …

Insgesamt sind es also 356 Leute, die sich das Geld teilen, und um herauszufinden, wie viel Sie bekommen, müssen Sie 103.596 € durch 356 dividieren. Wenn Sie dieses Kapitel bis hierher gelesen haben, haben Sie bereits eine allgemeine Vorstellung davon, wie Division funktioniert. Das Einzige, was beim Dividieren langer Zahlen anders ist: Man muss ein bisschen schätzen und etwas mehr multiplizieren.

> **Nullen loswerden**
>
> Um gut zu schätzen, ist es praktisch, diesen kleinen Trick zu kennen: Wenn Sie beispielsweise 6.000 ÷ 200 teilen sollen, können Sie sich das Rechnen erleichtern, indem Sie bei jeder Zahl dieselbe Anzahl Nullen streichen. Da 200 zwei Nullen hat, können wir 6.000 ÷ 200 auf 60 ÷ 2 reduzieren, was 30 ergibt. Das ist viel leichter.

Also, wie viel Geld haben Sie geerbt?

Schreiben Sie die Aufgabe auf dieselbe Weise hin wie vorher: **356|103596**

Arbeiten Sie sich von links an den Ziffern entlang, bis Sie eine Zahl haben, die größer als 356 (also die Zahl der Erben) ist, also folgendermaßen:

Ist 1 größer als 356? Nein.
Ist 10 größer als 356? Nein.
Ist 103 größer als 356? Nein.
Ist 1.035 größer als 356? Ja!

Das bedeutet, dass die erste Ziffer vom Ergebnis über die 5 kommt.

Um die erste Ziffer zu erhalten, müssen Sie die Lösung von 1.035 ÷ 356 schätzen. Es ist hilfreich, wenn man die Zahlen grob abrundet, also sagen wir, 1.035 ist ungefähr 1.000 und 356 ist ungefähr 300. Was also ist 1.000 ÷ 300? Wenn wir von jeder Zahl zwei Nullen abschneiden, ist es dasselbe wie 10 ÷ 3, daher lautet die Antwort 3 und ein bisschen. Das legt nahe, dass 3 gut geschätzt ist, aber schreiben Sie noch nichts oben in die Ergebnisszeile …

Wir müssen unsere Schätzung überprüfen, daher rechnen wir 356 x 3 aus und erhalten 1.068. (Diese kleine Multiplikation kann man an der Seite aufschreiben, wo sie nicht stört. Was ich meine, sehen Sie auf Seite 48.) Das Ergebnis muss aber kleiner sein als 1.035, daher ist unsere Schätzung zu groß. Wir tippen deshalb auf die 2, rechnen 356 x 2 und erhalten 712.

Schreiben Sie 712 unter die 1.035 und subtrahieren Sie dann: 1.035 – 712 = 323. Bisher haben wir also ausgerechnet, dass 356 zwei Mal in 1.035 passt, wobei ein Rest von 323 bleibt. Solange der Rest *kleiner* als 356 ist, ist unsere Schätzung von 2 richtig.

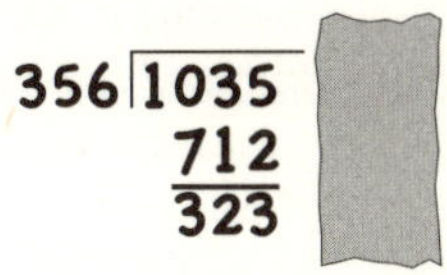

Jetzt schreiben wir die 2 als erste Ziffer des Ergebnisses hin und dürfen uns ein bisschen stolz fühlen.

Nun rutschen wir nach rechts und holen die nächste Ziffer herunter, eine 9.

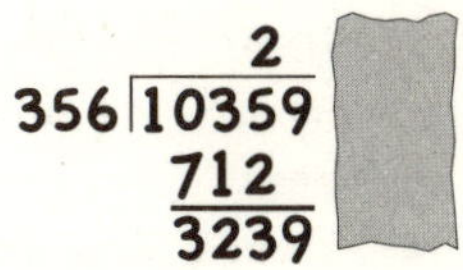

Jetzt müssen wir das Ergebnis von 3.239 ÷ 356 schätzen. Trauen wir uns und sagen einfach 8. Das kann falsch sein, aber wenn es stimmt, empfinden wir einen Hauch von Zufriedenheit.

Zur Überprüfung rechnen wir 356 x 8 = 2.848, was wir unter die 3.239 schreiben und es subtrahieren, damit wir sehen, wie groß der Rest ist.

Wir stellen fest: 3.239 – 2.848 = 391. Mist!

Der Rest 391 ist größer als 356, somit war unsere Schätzung von 8 zu niedrig. In Wirklichkeit passt 356 ein weiteres Mal in 3.239, daher dürfte 9 das richtige Ergebnis sein.

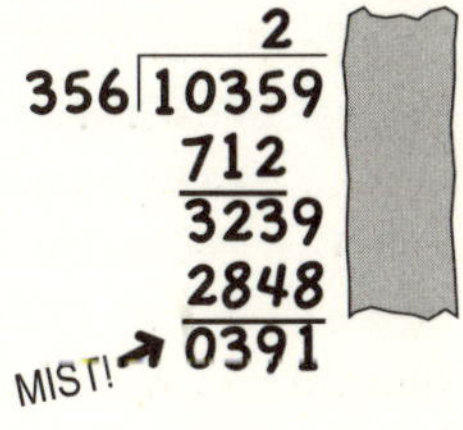

Zur Überprüfung multiplizieren wir: 356 x 9 = 3.204. Die 2.848 muss ausradiert werden, stattdessen schreiben wir 3.204 hin und ziehen es von 3.239 ab.

(An dieser Stelle möchte ich fairerweise daran erinnern, dass Ihnen niemand versprochen hat, dass es einfach werden würde. Der Grund, warum es so lange dauert, liegt darin, dass jeder kleine Schritt so deutlich wie möglich dargestellt werden soll – mit Übung geht das alles viel schneller.)

```
       29
356 | 10359
      712
      3239
      3204
        35
```

Jetzt haben wir also eine 35 am Fuß dieses Zahlenstapels. Die ist kleiner als 356, was uns zeigt, dass unsere neue Schätzung von 9 richtig war. Die 9 kommt deshalb oben in der Ergebniszeile hinter die 2.

Wir rutschen weiter und holen endlich die letzte Ziffer nach unten, die 6.

Nun rechnen wir 356 ÷ 356 aus, und hier haben wir Glück, denn das Ergebnis ist eine nette kleine 1 (und wir brauchen nicht einmal zu schätzen!). Die können wir dem Ergebnis hinzufügen, und wenn Sie zu den Menschen gehören, die ihre Konserven alle einheitlich ausrichten, möchten Sie jetzt sicher noch den Rest aufräumen. Sie multiplizieren 356 x 1 und schreiben das Ergebnis ganz unten hin, dann subtrahieren Sie 356 – 356 = 0 und stellen fest, dass es keinen Rest gibt.

```
       291
356 | 103596
      712
      3239
      3204
       356
```

So sieht nun die komplette Rechenaufgabe aus, einschließlich der kleinen Nebenbei-Multiplikationen. Vielleicht hatten Sie ja sogar Zeit, sich während des Rechnens noch Ihrer künstlerischen Ader zu widmen.

```
       291
356 | 103596
      712
      3239
      3204
       356
       356
         0
```

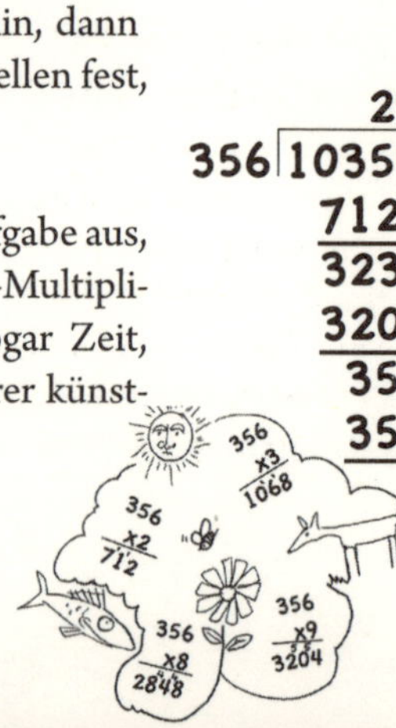

Bei der ganzen Anspannung haben Sie womöglich vergessen, dass Sie ausrechnen wollten, wie viel Sie von Ihrer Tante geerbt haben. Naja, die 291 € sind vielleicht ein bisschen enttäuschend, aber Sie sollten auch die gute Seite sehen: Sie haben zusätzlich 355 Cousinen und Cousins bekommen, mit denen Sie feiern können!

Das Rätsel vom betrügerischen Kellner

Nachdem wir jetzt die ganzen hässlichen großen Zahlen hinter uns haben, kommt nun eine großartige alte Geschichte über Geldaufteilung, die viele Leute kennen, doch kaum jemand wird aus ihr schlau.

Drei Frauen nehmen in einem Lokal eine kleine Mahlzeit ein, und die Rechnung beläuft sich auf 30 €. Jede von ihnen gibt dem Kellner einen 10-Euro-Schein, aber als er zur Kasse kommt, merkt er, dass die Rechnung eigentlich 25 € hätte betragen müssen. Er nimmt fünf 1-Euro-Münzen heraus, doch als er zurück zum Tisch geht, beschließt er, jeder Frau nur 1 € Wechselgeld zu geben und 2 € in die eigene Tasche zu stecken.

Die ursprüngliche Rechnung betrug also 30 €. Die Frauen bezahlten faktisch 3 x 9 € = 27 €, und der Kellner hat 2 € in der Tasche. 27 € + 2 € = 29 €. Wo ist der letzte Euro geblieben?

Das Rätsel ist so schön, dass ich nicht möchte, dass Sie die Auflösung sofort präsentiert bekommen – ich werde sie hier im Buch verstecken, damit Sie sie später finden können. Und machen Sie nicht so ein langes Gesicht, denn schließlich bekommen Sie von mir alle anderen Lösungen stets gleich mitgeliefert.

DIE SPIELREGELN

Wenn viele kleine Aufgaben zusammen in einer langen Reihe stehen, sollte man wissen, in welcher Reihenfolge man sie auszurechnen hat. Hier kommt die Abfolge, die man einhalten muss:

❶ Aufgaben in Klammern

❷ Potenzen

❸ Multiplikationen / Divisionen

❹ Additionen / Subtraktionen

Wie man mit einer Reihe von Aufgaben umgeht

Solche Reihen können zum Beispiel auftauchen, wenn Mrs. Beaumont, die hiesige Gemeindevorsteherin, Vorbereitungen für eine Kostümparty im Gemeindehaus trifft.

Mrs. Beaumont geht zunächst in die Bäckerei und kauft zwei Becher Sahne zu jeweils 80 Cent sowie drei Kirschmuffins zu je 32 Cent. Wie viel hat sie ausgegeben?

Die Gesamtsumme = 2 x 80 + 3 x 32. Wenn wir einfach die Zahlenreihe abklappern und die Rechnungen in der Reihenfolge durchführen, in der sie stehen, beginnen wir mit 2 x 80 = 160, anschließend 160 + 3 = 163 und schließlich 163 x 32 = 5.216 Cent oder 52,16 €. Das ist ein stolzer Preis für zwei Becher Sahne und drei Kirschmuffins! Wo liegt der Fehler?

Jede Multiplikation und Division muss stattfinden, bevor man addiert und subtrahiert.

Deshalb rechnen Sie, wenn Sie es mit 2 x 80 + 3 x 32 zu tun haben, zuerst die beiden Multiplikationsaufgaben aus, was Sie zu 160 + 96 führt. Am Schluss kommt die Addition, und dann sehen Sie, dass Mrs. Beaumont 256 Cent, also 2,56 € ausgegeben hat.

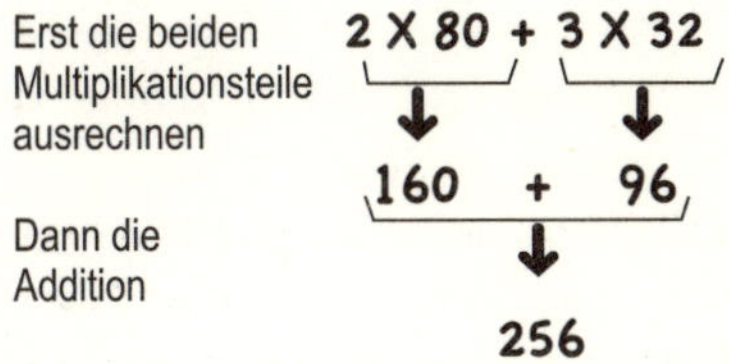

Mrs. Beaumont geht dann zum Karnevalsausstatter, weil sie vier ihrer Freundinnen ausstaffieren muss. Jede Freundin braucht einen Body im Leopardenfell-Look für 17 €, zwei Dosen Sprühschlangen zu je 3 € und einen roten Zylinder für 8 €. Darüber hinaus will Mrs. Beaumont für sich selbst noch einen Zauberstab für 6 € kaufen. Da sie eine sehr gute Kundin ist, hat sie drei Gutscheine über je 5 € von dem Geschäft. Wie viel Bargeld muss sie der Kassiererin geben?

Als Erstes betrachten wir, was jede der vier Damen braucht:

Body: 17 €
Sprühschlange: 2 x 3 €
Zylinder: 8 €

Wir können das als 17 + 2 x 3 + 8 hinschreiben. Da jede der Freundinnen dieses Paket braucht, packen wir es in Klammern ein: (17 +2 x 3 + 8).

Und da es sich um insgesamt vier Damen handelt, müssen wir das Klammerpäckchen mit 4 multiplizieren. Wir können das so schreiben: 4(17 + 2 x 3 + 8). Wenn Sie eine Zahl sehen, die vor einer Klammer steht, heißt das, dass Sie alles in der Klammer mit dieser Zahl multiplizieren müssen. Mrs. Beaumont wollte zusätzlich für sich selbst einen Zauberstab, was die Gesamtsumme zu 4(17 + 2 x 3 +8) + 6 macht. Die + 6 steht außerhalb der Klammer, denn wir wollen ja nicht, dass sie auch mit 4 multipliziert wird. Schließlich hat sie noch die drei 5-Euro-Gutscheine mit dem Wert von (3 x 5). Da diese von der Gesamtsumme abgezogen werden müssen, setzen wir ein Minuszeichen vor die Klammer. Und so sieht das Ganze aus: 4(17 + 2 x 3 + 8) + 6 – (3 x 5)

Immer zuerst die Sachen in Klammern ausrechnen!

In der ersten Klammer erledigen wir erst die Multiplikation 2 x 3, sodass wir (17 + 6 + 8) haben, und dann addieren wir diese Zahlen und erhalten (31). Bei der zweiten Klammer wird aus (3 x 5) einfach (15). Jetzt haben wir 4(31) + 6 – (15).

Denken Sie daran, dass die 4 den Inhalt der Klammer multipliziert. Bevor wir daher die Klammer entfernen können, müssen wir multiplizieren. Danach haben wir 124 + 6 – 15, und so finden wir schließlich heraus, dass Mrs. Beaumont 115 € ausgegeben hat.

Bleibt nur eine Frage: Wenn Mrs. Beaumonts Freundinnen bei dem Kostümfest im Gemeindesaal Leopardenbodys und rote Zylinderhüte tragen, was trägt dann Mrs. Beaumont selbst? Ganz einfach: Sie hat sich ihr Kostüm in der Bäckerei geholt.

GROB SCHÄTZEN

Wenn man eine Aufgabe mit großen Zahlen zu lösen hat, ist es sehr vernünftig, eine ungefähre Vorstellung von der Lösung zu haben, bevor man anfängt. Das gilt besonders, wenn man einen Taschenrechner verwendet, weil man ziemlich leicht auf die falsche Taste drückt.

Die Besucherzahl beim Fußballspiel des HSV am letzten Samstag betrug 38.452, und jeder Fan zahlte 27,50 € Eintritt. (Diese Zahlen stammen aus einem Traum, den der Manager einst hatte.) Die vier Kassierer wollen wissen, wie viel Geld sie insgesamt haben müssten, also nimmt jeder einen Taschenrechner, um dies auszurechnen: 38.452 x 27,50 €.

Dummerweise kommen sie zu vier verschiedenen Ergebnissen.

a) 105.930 €
b) 1.057.430 €
c) 38.479,50 €
d) 105.743.000 €

Was glauben Sie, wer Recht hat?

Abrunden

Als Erstes sollte man die Zahlen besser nutzbar machen, daher runden wir sie ganz grob ab. Man muss nur die erste Ziffer nehmen und die übrigen durch Nullen ersetzen, sodass 38.452 zu 30.000 wird. Doch um die Schätzung etwas genauer zu machen, zählt man zu der ersten Ziffer 1 dazu, wenn die zweite Ziffer 5 oder größer ist. Da die zweite Ziffer hier 8 ist, sollten wir 38.452 zu 40.000 aufrunden. Wenn Sie sich diese Zahlen auf einer Linie vorstellen als wären sie Teil eines Lineals, sehen Sie, dass 38.452 näher bei 40.000 liegt als bei 30.000:

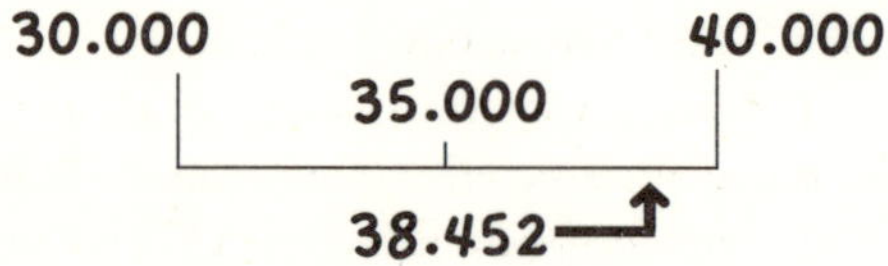

27,50 € könnte einfach zu 20 € abgerundet werden, aber auch die 7 ist größer als 5, daher runden wir es zu 30 € auf.

Sehen Sie, das reicht schon. Jetzt rechnen Sie 40.000 x 30. Die Aufgabe heißt eigentlich nur 4 x 3, danach zählen Sie sämtliche Nullen zusammen und hängen sie an das Ergebnis. Insgesamt sind fünf Nullen da, deshalb lautet die grobe Lösung 1.200.000. Kassierer b lag mit seinen 1.057.430 am dichtesten dran, daher ist seine Zahl wahrscheinlich die richtige.

Jetzt kommt die Erklärung, warum die anderen drei Kassierer zu falschen Ergebnissen kamen, als sie 38.452 x 27,50 in ihre Taschenrechner eingaben: a) die 4 wurde vergessen, c) statt der x-Taste wurde die +-Taste gedrückt, d) bei 27,50 wurde das Dezimalkomma vergessen.

Von dieser Stelle an werden einige der schwierigeren Aufgaben in diesem Buch dieses Zeichen haben, und Sie bekommen eine kurze Anleitung, wie Sie die Lösung schätzen können.

BRÜCHE

Im Abschnitt über das Dividieren haben wir Zahlen verwendet, die sich entweder glatt teilen ließen, oder wir haben die Reste einfach ungeteilt gelassen. Die Sache wird verzwickter, wenn man Sachen komplett in Stücke zerlegen muss. Hier muss man entweder »gemeine Brüche« oder »Dezimalbrüche« verwenden (Letztere sind auch als »Dezimalzahlen« bekannt). Manchmal ist es praktischer, das eine zu verwenden, manchmal das andere – es kommt darauf an, worum es geht.

Ein gemeiner Bruch (der im Allgemeinen einfach als »Bruch« bezeichnet wird) ist eine Divisionsaufgabe, die nicht ausgerechnet wurde. Wenn man als Aufgabe 4 ÷ 7 hat, kann man das auch als $4/7$ schreiben (ausgesprochen: »vier Siebtel«), und das Gute dabei ist, dass man überhaupt nicht rechnen musste. Das Schlechte ist allerdings, dass man nun zwei Zahlen hat, die einem Kopfzerbrechen bereiten.

Brüche kürzen

Angenommen, Sie haben eine Pepperoni-Pizza, die in acht gleiche Stücke zerteilt ist. Das ist dasselbe wie 1 ÷ 8, daher ist jedes Stück $1/8$ (oder ein Achtel) der Pizza. Wenn Sie sechs davon essen, dann haben Sie $6/8$ (oder sechs Achtel) der Pizza gegessen.

$6/8$ ist als Bruch völlig in Ordnung, aber normalerweise sieht man $6/8$ nirgendwo stehen, und zwar deshalb:

$$\frac{6}{8} \qquad \frac{3}{4} \qquad \frac{1}{8}+\frac{1}{8}=\frac{1+1}{8}=\frac{2}{8}=\frac{1}{4}$$

In dem Bild sehen Sie, dass 6/8 dasselbe ist wie 3/4. Das kommt daher, weil zwei Achtel zusammen ein Viertel sind, daher sind sechs von ihnen drei Viertel.

Wenn Sie gerade keine Pizzastücke zur Hand haben, um damit zu rechnen – so geht es mit Zahlen: Sie fangen mit 6/8 an und schauen dann, ob Sie eine Zahl finden, durch die man sowohl die obere als auch die untere Zahl teilen kann. (Die obere Zahl in einem Bruch nennt man »Zähler«, die untere »Nenner«.)

$\frac{6}{8}$ ← Beide Zahlen lassen sich durch 2 teilen $\frac{6 \div 2}{8 \div 2} = \frac{3}{4}$ Trara!

Man kann Zähler und Nenner jedes Bruchs mit derselben Zahl multiplizieren oder dividieren, und sein Wert bleibt immer derselbe.

Das klingt nicht gerade einladend, aber alles, was wir hier gemacht haben, war, den Zähler und den Nenner durch dieselbe Zahl, nämlich 2, zu teilen, und so verwandelten wir 6/8 in 3/4. Angenommen, wir wollten Zähler und Nenner aus irgendeinem seltsamen Grund mit 6 multiplizieren (auf den seltsamen Grund kommen wir gleich), stellen wir fest, dass 3/4 = 18/24.

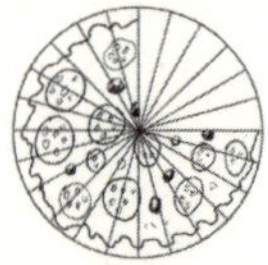

$\frac{18}{24}$

Das ist völlig richtig, denn wenn Ihre Pizza in 24 Stücke zerteilt worden wäre, und Sie hätten 18 davon gegessen, hätten Sie nach wie vor dieselbe Menge gegessen, nur dass die Stücke erheblich schmaler gewesen wären.

Wenn man die Zahlen in Brüchen verkleinert, nennt man das »kürzen«, und im Allgemeinen erleichtert es einem das Leben. Nehmen wir an, Sie hätten jetzt eine Gemüse-Pizza, und irgendein Irrer hätte sie in 84 Stücke zerteilt. Sie essen 70 davon – wie viel war das jetzt?

Der entsprechende Bruch ist 70⁄84, womit man schwer klarkommt, daher suchen wir wieder nach einer Zahl, durch die man Zähler und Nenner teilen kann. Da beide gerade sind, wissen wir, dass wir sie durch 2 teilen können. Das führt uns zu 35⁄42, und da zeigt sich, dass diese beiden Zahlen durch 7 teilbar sind – daher wissen wir jetzt, dass Sie 5⁄6 der Pizza gegessen haben.

Und jetzt kommt die Preisfrage: Von welcher Pizza haben Sie mehr gegessen?

Brüche vergleichen, addieren und subtrahieren

Was wir wissen wollen, ist: Was ist mehr, 3⁄4 oder 5⁄6?

(Das sind ziemlich schlichte Zahlen, von daher ist es für Sie vermutlich offensichtlich. Von der Pepperoni-Pizza haben Sie ein Viertel übrig gelassen, von der Gemüse-Pizza ein Sechstel. Da ein Sechstel weniger ist als ein Viertel, haben Sie mehr von der Gemüse-Pizza gegessen.)

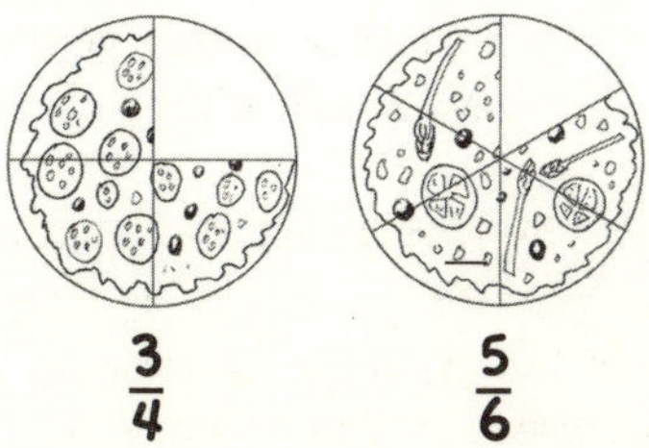

Wenn Sie das in mathematischer Form ausrechnen wollen, müssen Sie 3⁄4 und 5⁄6 zu Brüchen machen, die denselben Nenner haben (man »erweitert« sie und nennt sie dann gleichnamig). Narrensicher funktioniert das, indem man den Zähler und Nenner jedes Bruchs mit dem Nenner des jeweils anderen Bruchs multipliziert.

$\frac{3}{4}$ ← Zähler und Nenner mit dem Nenner des anderen Bruchs multiplizieren → $\frac{5}{6}$ Das ergibt: $\frac{3 \times 6}{4 \times 6} = \frac{18}{24}$

$\frac{5}{6}$ ↖ ↙ Dasselbe mit diesem ↗ $\frac{3}{4}$ Das ergibt: $\frac{5 \times 4}{6 \times 4} = \frac{20}{24}$

Auf diese Weise haben wir festgestellt, dass $3/4 = 18/24$ und $5/6 = 20/24$. Deshalb ist 5/6 größer. (Man kann Brüche auch vergleichen, indem man sie in Dezimalbrüche verwandelt; siehe Seite 72.)

Die andere Frage, die Sie sich vielleicht stellen, ist: Wie viel Pizza haben Sie insgesamt gegessen? Sie aßen 3/4 von der mit Pepperoni und 5/6 von der mit Gemüse, also müssen Sie $3/4 + 5/6$ ausrechnen.

Das dürfen Sie AUF KEINEN FALL tun: $\frac{3+5}{4+6} = \frac{8}{10} = \frac{4}{5}$

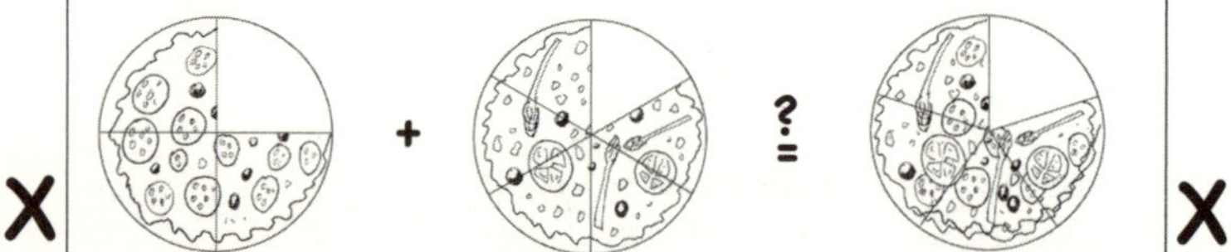

$\frac{3}{4}$ $\frac{5}{6}$ $\frac{4}{5}$

Der gesunde Menschenverstand sagt Ihnen, dass Sie den größten Teil von zwei Pizzas gegessen haben, doch diese Lösung besagt, dass Sie weniger als eine gegessen haben!

Das Problem besteht darin, dass Viertel und Sechstel nicht dasselbe sind, daher können Sie sie nicht einfach zusammenzählen. Sie müssen beide Brüche derart umwandeln, dass sie unten – im Nenner – dieselbe Zahl haben. Zum Glück haben wir das vorhin schon gemacht und herausgefunden, dass $3/4 = 18/24$ und $5/6 = 20/24$. Sobald die Nenner gleich sind, können wir die Zähler addieren. Es ist dasselbe, als würden wir beide Pizzas in je vierundzwanzig Stücke zerteilen.

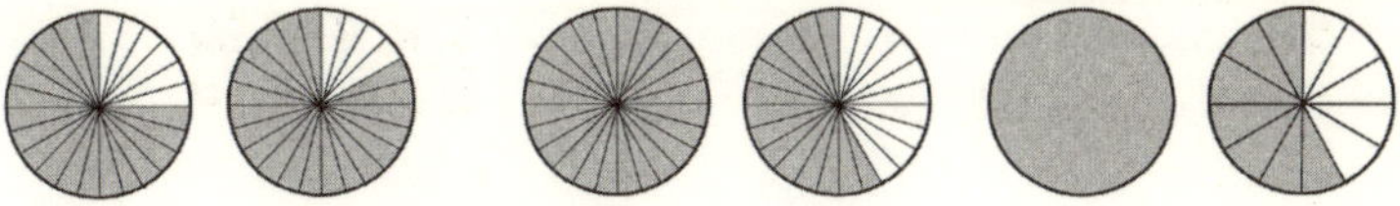

$$\frac{18}{24} + \frac{20}{24} = \frac{38}{24} = \frac{24}{24} + \frac{14}{24} = 1 + \frac{7}{12}$$

Bis wir endlich fertig damit sind, Pizzastücke durch die Gegend zu schieben, sehen Sie, wie sich 38⁄24 in 1 und 7⁄12 verwandeln. Eigenartig, oder? Ich wette, dass Sie sich nicht erinnern, genau 7 von irgendwas gegessen zu haben, und genauso wenig irgendwelche Zwölftel. Dennoch ist das das Ergebnis.

Brüche voneinander subtrahieren funktioniert auf dieselbe Weise. Ich zeige Ihnen 2⁄3 – 3⁄5 wiederum anhand unserer Pizzas:

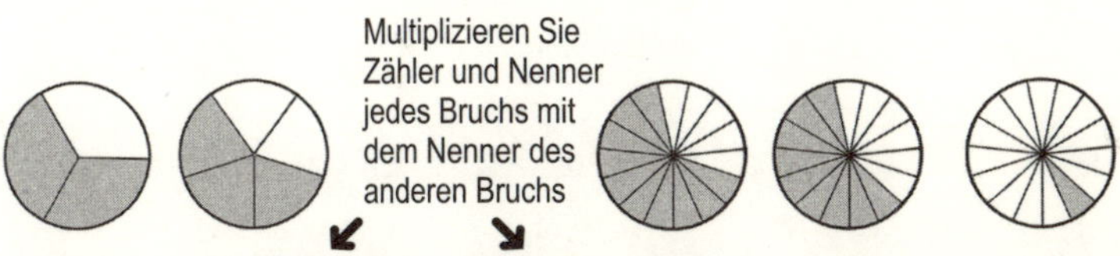

$$\frac{2}{3} - \frac{3}{5} = \frac{2 \times 5}{3 \times 5} - \frac{3 \times 3}{5 \times 3} = \frac{10}{15} - \frac{9}{15} = \frac{1}{15}$$

Gemischte Zahlen und unechte Brüche

Eine »gemischte Zahl« ist eine ganze Zahl mit einem Bruch wie etwa 6 ½.

Ein »unechter Bruch« ist ein Bruch, bei dem der Zähler größer ist als der Nenner wie etwa 13⁄2 (zufällig ist 6 ½ = 13⁄2).

Wenn Sie eine gemischte Zahl in einen unechten Bruch verwandeln wollen, multiplizieren Sie die ganze Zahl mit dem Nenner des

Bruchs und addieren das Ergebnis zum Zähler. Verwirrend? Dann noch mal her mit den Pizzas ...

Wenn Sie einen unechten Bruch zurück in eine gemischte Zahl verwandeln wollen, behandeln Sie sie wie eine Divisionsaufgabe. Um $\frac{7}{3}$ umzuwandeln, rechnen Sie $7 \div 3 = 2$ mit Rest 1. Das Ergebnis lautet also 2, und der Rest 1 bleibt über der 3, sodass $2\,\frac{1}{3}$ herauskommt.

Das Umwandeln von gemischten Zahlen und unechten Brüchen erleichtert für gewöhnlich das Multiplizieren und Dividieren von Brüchen, wie Sie noch sehen werden.

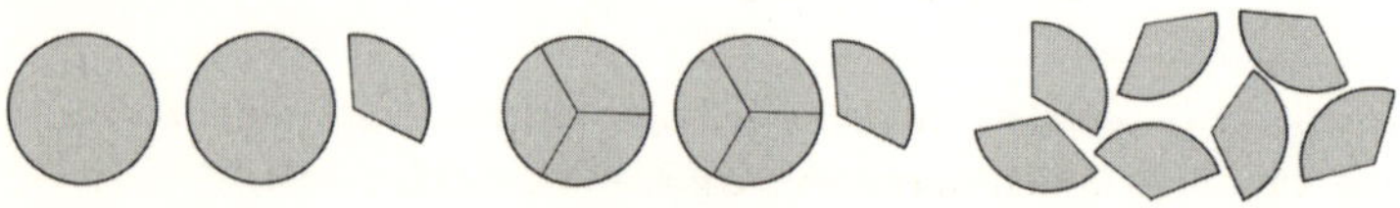

$$2\frac{1}{3} = \frac{2 \times 3}{3} + \frac{1}{3} = \frac{6+1}{3} = \frac{7}{3}$$

Mit Brüchen multiplizieren und die Bedeutung des „von"

Das Addieren und Subtrahieren von Brüchen kann unangenehm sein, aber zum Glück ist das Multiplizieren und Dividieren weniger schlimm.

Das Multiplizieren mit Brüchen versteckt sich oft hinter dem Wort »von«. Wenn man sagt »drei Viertel von zwölf«, dann meint man in Wirklichkeit $\frac{3}{4} \times 12$. Wenn man eine ganze Zahl mit einem Bruch multipliziert, umfasst das zwei Rechenvorgänge. Man multipliziert mit dem Zähler und dividiert dann durch den Nenner.

So sieht $\frac{3}{4} \times 12$ aus:

$$\frac{3}{4} \times 12 = \frac{3 \times 12}{4} = \frac{36}{4} = 9$$

Um zwei Brüche miteinander zu multiplizieren, multipliziert man einfach die Zähler miteinander und die Nenner miteinander.

Angenommen, Sie verbringen jeden Samstag und Sonntag jeweils 7 Stunden damit, Vögel zu beobachten. Welchen Bruchteil Ihrer Woche macht das aus? Samstag und Sonntag sind $2/7$ der Woche, und da jeder Tag 24 Stunden hat, verbringen Sie $7/24$ dieser beiden Tage damit, vielleicht eine Mönchsgrasmücke oder eine Haubenlerche zu entdecken. So sieht die Aufgabe aus:

$$\frac{7}{24} \times \frac{2}{7} = \frac{7 \times 2}{24 \times 7} = \frac{14}{168}$$

An dieser Stelle fällt Ihnen vielleicht auf, dass man sowohl 14 als auch 168 durch 14 teilen kann und dabei $1/12$ erhält, aber wäre es nicht schön, wenn sich große Zahlen von Anfang an hätten vermeiden lassen? Wenn man Brüche multipliziert, lohnt es sich bei den einzelnen Rechenschritten immer, nachzusehen, ob man sie kürzen kann. Ideal ist es, wenn man oben und unten dieselben Zahlen findet, denn diese *löschen sich gegenseitig aus.*

Sehen wir uns dies noch mal an:

$$\frac{7 \times 2}{24 \times 7}$$

Achten Sie auf die beiden Siebenen: Die obere multipliziert alles mit 7, und die untere dividiert alles durch 7. Würden wir beide Rechnungen ausführen, wären wir wieder da, wo wir schon waren, also lassen wir das. Stattdessen können wir sie beide streichen und durch eine 1 ersetzen. Nachdem wir das getan haben, wollen wir sehen, was wir noch tun können:

$$\frac{^{1}\cancel{7} \times 2}{24 \times \cancel{7}}$$ Das ist dasselbe wie: $$\frac{2}{24}$$ Die 2 oben und die 24 unten lassen sich beide durch 2 teilen. $$\frac{\cancel{2}^{1}}{\cancel{24}^{12}}$$ Und dann bleibt ... $$\frac{1}{12}$$

Jetzt wissen Sie also, dass Sie ein Zwölftel jeder Woche mit dem Beobachten von Vögeln verbringen. Das entspricht jeder zwölften Minute Ihrer Lebenszeit oder einem ganzen Monat pro Jahr! (Wenn man anfängt auszurechnen, wie viel Zeit man für eine regelmäßige Tätigkeit aufbringt, etwa für ein Hobby oder für die Fahrt zur Arbeit, kann es ganz schön gruselig werden. So verbringen zum Beispiel die meisten Menschen jedes Jahr zusammengerechnet zehn Tage eingeschlossen in ihrem jeweiligen Badezimmer.)

Es gibt eine alte mathematische Denksportaufgabe, die immer mal wieder in Zeitungen auftaucht: Was ist $\frac{9}{10} \times \frac{8}{9} \times \frac{7}{8} \times \frac{6}{7} \times \frac{5}{6} \times \frac{4}{5} \times \frac{3}{4} \times \frac{2}{3} \times \frac{1}{2}$? Wer immer das abdruckt, sitzt wahrscheinlich in seinem Büro, streichelt eine weiße Katze und lacht dämonisch, während er sich vorstellt, wie alle den ganzen Tag mit Multiplizieren und Dividieren verbringen – dabei löschen sich alle Zahlen einfach aus, bis nur noch $\frac{1}{10}$ übrig bleibt.

Mit Brüchen dividieren

Wenn man durch eine Zahl oder einen Bruch dividiert, stellt man einfach die Zahl oder den Bruch auf den Kopf und multipliziert stattdessen.

Das klingt verrückt, aber es ergibt Sinn, wenn Sie losfahren, um Ihre Tante zu besuchen. Sie wohnt 10 Kilometer entfernt, und auf der Hälfte des Weges gibt Ihr Wagen den Geist auf. Wie weit sind Sie gekommen? Sie wollen wissen, was »die Hälfte von zehn« ist, und das »von« verrät Ihnen, dass Sie $10 \times \frac{1}{2}$ multiplizieren. Natürlich kommen Sie zum selben Ergebnis, wenn Sie sich fragen: »Was ist 10 dividiert durch 2?«

Alle ganzen Zahlen lassen sich als Bruch mit einer 1 im Nenner schreiben. Wir können diese zwei Berechnungen hinschreiben als $\frac{10}{1} \times \frac{1}{2} = \frac{10}{1} \div \frac{2}{1}$. Sie werden sehen, dass das Dividieren durch 2 bzw. $\frac{2}{1}$ dasselbe ist wie »es auf den Kopf stellen« und mit $\frac{1}{2}$ multiplizieren. Aufgaben, zu denen das Teilen durch Brüche gehört, bedürfen des Nachdenkens. Nehmen wir an, Sie müssten einen ganzen Schwung Stühle streichen, und Sie wissen, dass für jeden Stuhl ⅔ einer Farbbüchse benötigt werden. (Ja, es sind ziemlich kleine Büchsen.) Wenn Sie 8 Büchsen haben, wie viele Stühle können Sie dann damit streichen?

Denken wir es schnell durch. Angenommen, Sie würden Tische streichen, und für jeden würden Sie 2 Büchsen Farbe brauchen und hätten 8 Büchsen. Wie viele Tische könnten Sie streichen? Die Antwort ist $8 \div 2 = 4$ Tische.

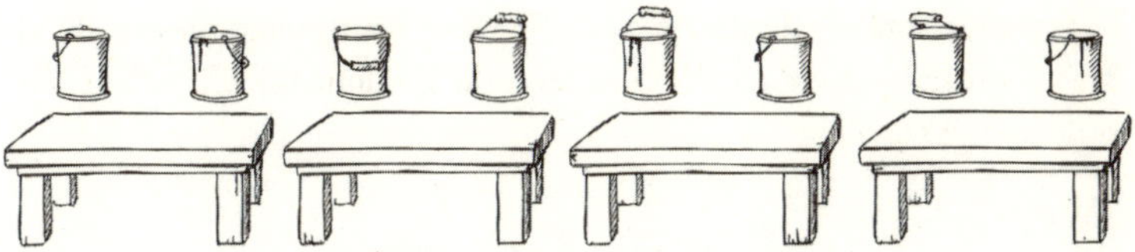

Der entscheidende Punkt ist, dass Sie durch die Zahl der Büchsen dividiert haben, die jeder Tisch benötigt. Dasselbe gilt für die Stühle: Sie dividieren durch die Anzahl von Büchsen, die jeder Stuhl benötigt. Daher ist die Zahl der Stühle, die Sie streichen können, $8 \div \frac{2}{3}$. Um das auszurechnen, stellen Sie die ⅔ auf den Kopf und multiplizieren:

$$8 \div \frac{2}{3} = 8 \times \frac{3}{2} = \frac{24}{2} = 12$$

Also reichen 8 Büchsen für 12 Stühle. Beachten Sie: Wenn Sie durch einen Bruch dividieren, bekommen Sie am Schluss eine größere Zahl als die ursprüngliche.

Es lohnt sich immer, Ergebnisse wie diese daraufhin zu überprüfen, ob sie sinnvoll sind. Wenn für jeden Stuhl ⅔ einer Büchse benötigt werden, reicht eine

Büchse für einen Stuhl, und es ist noch Farbe übrig. Daher reichen 8 Büchsen für 8 Stühle und ein paar weitere, weshalb unser Ergebnis von 12 ziemlich gut aussieht.

Ein Problemteich

Lassen Sie uns, bevor wir die Brüche verlassen, noch eine wirklich schreckliche Aufgabe vorknöpfen und fertig machen, nur aus masochistischem Spaß an der Freude. Wie viele Ölfässer (voll Wasser) braucht man, um diesen Gartenteich zu füllen?

Ihr Gartenteich braucht $85\frac{1}{2}$ Eimer Wasser.

In ein Ölfass passen $11\frac{1}{4}$ Eimer.

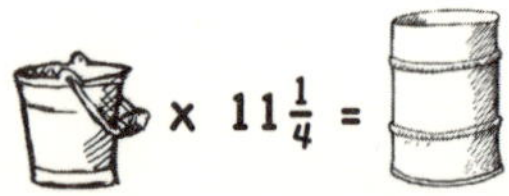

Bevor Sie anfangen: *Machen Sie eine grobe Schätzung.* Sie verschafft Ihnen eine Vorstellung davon, wie die Lösung aussehen sollte, und außerdem hilft sie dabei, die Aufgabe richtig zu stellen. Das Ölfass fasst ungefähr 10 Eimer. Der Teich braucht rund 80 Eimer. Daher wird die Zahl der Fässer, die Sie brauchen werden etwa $80 \div 10 = 8$ betragen. Das erscheint vernünftig.

Jetzt müssen wir die genauen Zahlen nehmen. Statt $80 \div 10$ rechnen wir $85\,\frac{1}{2} \div 11\,\frac{1}{4}$ aus.

Als Erstes wandeln wir die gemischten Zahlen in unechte Brüche um:

$$85\tfrac{1}{2} = \frac{85 \times 2 + 1}{2} = \frac{171}{2} \quad \text{und} \quad 11\tfrac{1}{4} = \frac{11 \times 4 + 1}{4} = \frac{45}{4}$$

Jetzt müssen wir nur noch $\frac{17}{2} \div \frac{45}{4}$ ausrechnen. Los geht's …

$$\frac{171}{2} \div \frac{45}{4} = \frac{171}{2} \times \frac{4}{45} = \frac{171}{{}^{1}\cancel{2}} \times \frac{\cancel{4}^{\,2}}{45} = \frac{\cancel{171}^{\,19}}{1} \times \frac{2}{\cancel{45}_{\,5}} = \frac{19 \times 2}{5} = \frac{38}{5} = 7\tfrac{3}{5}$$

Auf den Kopf stellen und multiplizieren

KÜRZEN! Zähler und Nenner sind durch 2 teilbar

NOCH MEHR KÜRZEN! Zähler und Nenner sind auch durch 9 teilbar

Entwirrt!

Wir haben ein Ergebnis von 7 ³⁄₅ Ölfässern, was ziemlich nah an unserer groben Schätzung von 8 liegt, daher können wir uns siegreich fühlen. Wir können auch glücklich und unglaublich zufrieden mit uns sein.

VERHÄLTNISSE

Mit Verhältnissen hat man es jeden Tag zu tun, ob man eine Flasche Bodenreiniger verdünnt, die Zutaten für ein Rezept verdoppelt oder versucht, das Fernsehbild richtig einzustellen. Man muss sie verstehen, wenn man sich nicht den Boden ruinieren oder seine Freunde vergiften will oder möchte, dass Wetteransager aussehen wie Sumo-Ringer ...

Wie gross ist Ihr Fernseher?

Ein Verhältnis beschreibt die Form Ihres Fernsehschirms, indem zwei Zahlen die Breite mit der Höhe vergleichen. Traditionelle Bildschirme haben ein Seitenverhältnis von 4:3, was bedeutet, wenn der Schirm 400 mm breit ist, ist er 300 mm hoch. Früher musste bei Anschaffung eines größeren Fernsehgeräts die Form des Bildschirms so sein wie bei dem alten kleineren, sonst hätten die Leute zu dünn oder zu dick ausgesehen. Das hieß, dass das Seitenverhältnis gleich sein musste. Wenn der neue, größere Bildschirm 600 mm breit war, wie hoch musste er dann sein? Man kann aus dem Verhältnis einen Bruch machen – entweder $\frac{3}{4}$ oder $\frac{4}{3}$ – und dann multiplizieren, aber welchen Bruch verwendet man? Hier hilft der gesunde Menschenverstand. Die Höhe soll geringer sein als die Breite, also multipliziert man 600 mm x $\frac{3}{4}$ = 450 mm. Obwohl der Bildschirm größer ist, hat er dieselbe Form.

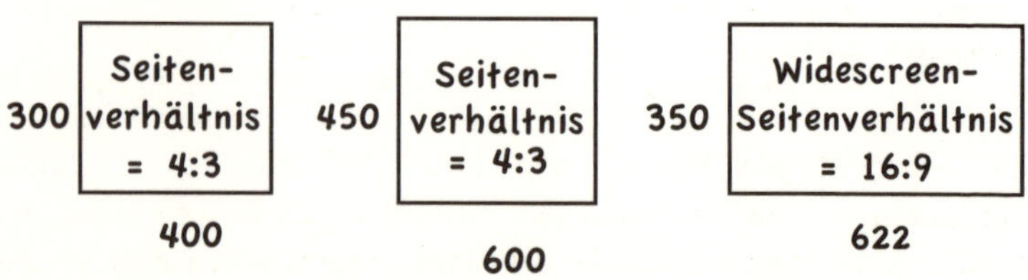

Neue Widescreen-Fernseher haben normalerweise ein Seitenverhältnis von 16:9. Wenn ein Bildschirm also 350 mm hoch ist, wie breit ist er dann? Er muss breiter als hoch sein, daher multipliziert man 350 x 16/9 und bekommt das Ergebnis: 622 mm.

So hilft ein bisschen einfache Mathematik, dass das Fernsehbild natürlich aussieht, egal wie groß der Apparat ist. Leider kann Mathematik nicht die Programme verbessern.

Der Schattenstab

Sie können Verhältnisse verwenden, um die Höhe einer großen Statue (oder eines Baums oder Gebäudes) auszurechnen. Sie brauchen einen sonnigen Tag, einen Stab und ein Maßband. Stecken Sie den Stab senkrecht in den Boden und messen Sie dann seine Höhe, die Länge seines Schattens sowie die Länge des Statuenschattens.

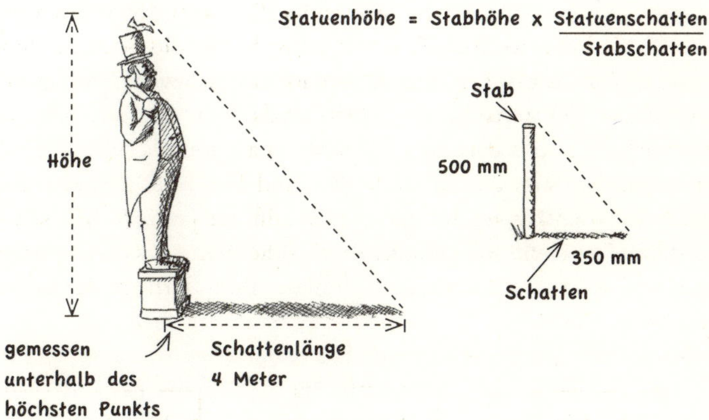

Die Sonnenstrahlen erschaffen zwei ähnliche Dreiecke, was bedeutet, dass sie von unterschiedlicher Größe, aber genau derselben Form sind. Das Verhältnis der Höhe des Stabs zu seinem Schatten ist dasselbe wie das Verhältnis der Höhe der Statue zu ihrem Schatten.

Der Stab ist 500 mm hoch und sein Schatten 350 mm lang. Wir wissen also, das Verhältnis von Höhe zu Schatten ist 500:350. Sobald wir das Verhältnis haben, dürfen wir es kürzen wie einen normalen Bruch:

500:350 → Beide Zahlen lassen sich durch 10 teilen → **50:35** → Jetzt lassen sich beide Zahlen durch 5 teilen → **10:7** Das ist besser!

Wir haben herausgefunden, dass das Verhältnis von Höhe zu Schatten 10:7 ist. Wenn der Schatten der Statue 4 Meter lang ist, können wir jetzt die Höhe der Statue ausrechnen. Die Stabhöhe ist größer als der Stabschatten, also muss die Höhe der Statue größer sein als 4 Meter. Deshalb multiplizieren wir die Länge des Statuenschattens mit $^{10}/_{7}$ und finden heraus, dass die Höhe der Statue $^{40}/_{7}$ oder 5 $^{5}/_{7}$ Meter beträgt.

Mischungsverhältnisse

Wenn Sie ein bisschen Beton zusammenmischen wollen, müssen Sie wissen, wie viel Zementpulver, Sand und Gesteinskörnung (kleine Steinchen) Sie brauchen. Eine typische Mixtur könnte so ein Verhältnis haben:

Zement:Sand:Körnung = 1:2:4

Sie haben 3 Tonnen Sand und wollen ihn komplett verbrauchen. Wie viel Zementpulver und Gesteinskörnung brauchen Sie dann?

Das Verhältnis sagt uns, dass Sie für jede Tonne Zement 2 Tonnen Sand und 4 Tonnen Körnung brauchen. Sie können die Zahlen in einem Verhältnis ändern, indem Sie sie alle mit demselben Wert multiplizieren. In diesem Fall wollen wir aus den 2 Tonnen Sand 3 Tonnen machen, also multiplizieren wir alle drei Zahlen in dem Verhältnis mit $^{3}/_{2}$. Das Verhältnis wird jetzt zu $^{3}/_{2}$:3:6.

Das bedeutet, wenn wir mit 3 Tonnen Sand Beton herstellen wollen, brauchen wir dazu außerdem 1 $\frac{1}{2}$ Tonnen Zement und 6 Tonnen Gesteinskörnung.

Wenn Sie 10 Tonnen Beton herstellen wollten, wie viel von jeder Zutat würden Sie brauchen? Aus 1 Tonne Zement, 2 Tonnen Sand und 4 Tonnen Körnung erhielten Sie 7 Tonnen Beton.

Um 10 Tonnen herzustellen, multiplizieren Sie jede Zahl mit $\frac{10}{7}$. Sie bräuchten $\frac{10}{7}$ Tonnen Zement, $\frac{20}{7}$ Tonnen Sand und $\frac{40}{7}$ Tonnen Gesteinskörnung, was genauso viel ist wie 1 $\frac{3}{7}$ Tonnen Zement, 2 $\frac{6}{7}$ Tonnen Sand und 5 $\frac{5}{7}$ Tonnen Körnung.

DEZIMALBRÜCHE

Gemeine Brüche wie Halbe und Drittel sind im Allgemeinen der naheliegendste Weg, um handfeste Dinge wie Pizzas oder Büchsenfarbe aufzuteilen. Wenn man es jedoch mit numerischen Dingen zu tun hat wie Maßen und Geld, kann das Rechnen mit Dezimalbrüchen das Leben erleichtern. (Man nennt sie auch Dezimalzahlen.) Dazu kommt: Wenn man zwei sehr unterschiedliche gemeine Brüche wie 14/19 und 27/35 hat, kann man sie viel leichter vergleichen, wenn man sie in Dezimalbrüche umwandelt, wie Sie bald sehen werden.

Was passiert hinter dem Dezimalkomma?

Die gemischte Zahl 731 5/8 lässt sich auch als Dezimalbruch schreiben: 731,625. Der 731er-Teil ist offensichtlich bei beiden Zahlen gleich; das Knifflige ist, dass 5/8 = 0,625. Sie werden bald erfahren, wie man 5/8 in einen Dezimalbruch umwandelt, aber zuerst wollen wir betrachten, wofür die verschiedenen Ziffern stehen.

7	3	1	,	6	2	5
100er	10er	1er	Dezimalkomma	1/10	1/100	1/1.000
Hunderter	Zehner	Einer		Zehntel	Hundertstel	Tausendstel

Die 7 hat einen Wert von 7 Hundertern, die 3 einen von 3 Zehnern, und die 1 ist einfach ein Einer. Wenn man die Reihe der Ziffern von links entlanggeht, ist jede Ziffer zehn Mal weniger wert; kommt man dann über das Dezimalkomma, hat die 6 einen Wert von 6 Zehnteln, die 2 von 2 Hundertsteln und die 5 einen von 5 Tausendsteln. Dezimalbrüche können in die Zehntausendstel, Hunderttausendstel und so weiter gehen, aber das Rechnen mit ihnen wird dann ziemlich mühsam.

Wenn man Dezimalbrüche schreibt und es ist nichts vor dem Komma, setzt man dort eine Null hin, um zu verdeutlichen, dass das Komma vorhanden ist.

Dezimalbrüche abrunden

Wenn man Brüche in Dezimalbrüche umwandelt, gehen manche glatt auf, sodass man nur ein paar Nachkommastellen hat. Andere dagegen bilden eine endlose Ziffernkette, die in die Millionstel und Milliardstel geht, daher muss man sich entscheiden, wie exakt man sein will, und dann abrunden. Der genaue Dezimalbruch für $1/6$ ist ein Beispiel dafür: 0,1666666666... und so geht es immer weiter. Das Leben ist für das korrekte Ergebnis nicht lang genug, und wenn wir deshalb auf drei Dezimalstellen abrunden, liegt der genaue Wert von $1/6$ irgendwo zwischen 0,166 und 0,167. Um herauszufinden, was davon näher dran ist, schaut man sich an, was die nächste Ziffer gewesen wäre – in diesem Fall natürlich wieder eine 6. Ist diese Ziffer eine 5 oder größer, rundet man auf. Das heißt, man geht auf 0,167. Wenn Sie sich nicht sicher sind, können Sie sich – wir hatten weiter vorne im Buch schon ein Beispiel dafür – die Zahlen als Markierungen auf einem Lineal vorstellen.

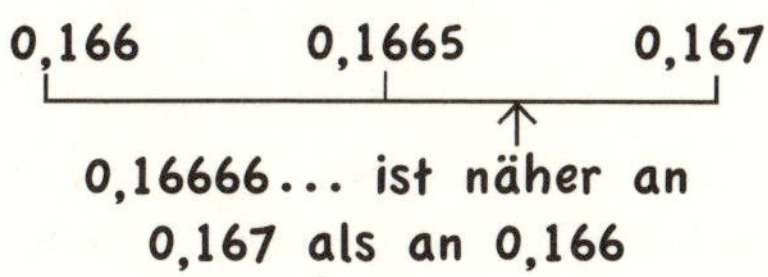

Wenn man eine Zahl durch eine andere dividiert und kein exaktes Ergebnis erhält, werden sich die Dezimalstellen letztlich immer wiederholen. Solche Dezimalbrüche nennt man »rational«.

Brüche in Dezimalbrüche umwandeln und umgekehrt

Wie wir gesehen haben, sind gemeine Brüche wie etwa 5/8 nichts anderes als Divisionsaufgaben, die nicht ausgerechnet wurden. Dezimalbrüche sind das, was man bekommt, wenn man sie ausrechnet.

Von Brüchen zu Dezimalbrüchen

Wenn wir die Aufgabe $5 \div 8$ vor uns haben, wollen wir zunächst 5 durch 8 teilen, was nicht geht. (Wenn wir mit Resten arbeiten dürften, würden wir sagen, 8 passt 0 mal in die 5 mit einem Rest von 5.) Um das Ergebnis als Dezimalbruch auszurechnen, stellen wir uns vor, die Zahl 5 sei so geschrieben: 5,000000. Dann machen wir eine normale Division, und wenn wir über das Dezimalkomma kommen, fangen wir an, die Nullen nach unten zu holen.

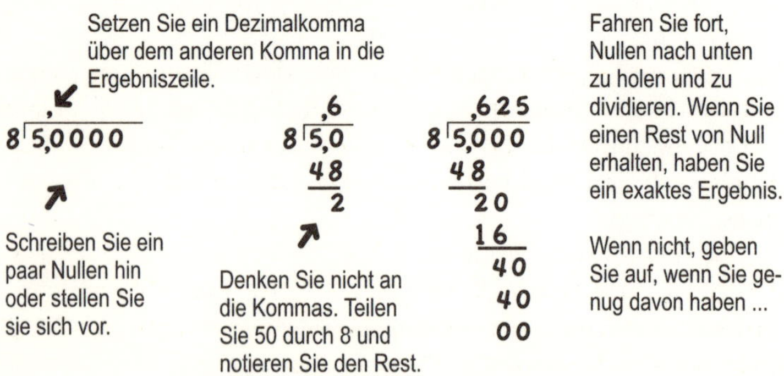

Und hier haben wir das Ergebnis: $5/8 = 0{,}625$.

Natürlich wären wir zum selben Ergebnis gekommen, wenn wir $5 \div 8$ in einen Taschenrechner getippt hätten. Ich habe Ihnen die Divisionsaufgabe nur gezeigt, damit Sie sehen, was genau eigentlich vor sich geht.

Von Dezimalbrüchen zu Brüchen

Wenn der Dezimalbruch nur eine Stelle hat, ist der Bruch etwas mit Zehnteln: $0{,}6 = 6/10$, und das kürzt sich weiter zu $3/5$.

Hat der Dezimalbruch zwei Stellen, haben wir einen Bruch von Hundertsteln: $0{,}75 = 75/100$, was sich zu $3/4$ kürzen lässt. 0,76 jedoch kürzt sich nur zu $19/25$, und 0,77 ist $77/100$ und lässt sich gar nicht kürzen.

Bei fast allen anderen Dezimalbrüchen kann das Umwandeln ziemlich eklig sein. Wenn Sie mit 0,692308 konfrontiert werden, runden Sie am besten auf 0,7 auf und behaupten dann, es seien ungefähr $7/10$. (Die tatsächliche Lösung ist, dass $0{,}692308 = 9/13$ gerundet auf sechs Dezimalstellen, aber das interessiert Sie brennend, oder?)

Wie Dezimalbrüche bei Brüchen helfen können

Wie wir schon gesehen haben, kann das Addieren und Subtrahieren von Brüchen ein bisschen langwierig sein, doch wenn Sie sie in Dezimalbrüche umwandeln, ist es viel leichter. Erinnern Sie sich an Seite 57, als wir $3/4$ und $5/6$ addierten, um herauszufinden, wie viel Pizza wir gegessen hatten?

Ein Taschenrechner sagt uns, dass $3/4 = 0{,}75$ und $5/6 = 0{,}83333$. Daher sind $3/4 + 5/6 = 1{,}58333$. Einen Taschenrechner und Dezimalbrüche zu verwenden ist zweifellos schneller und einfacher, allerdings fragt man sich dann, wie 1,58333 einer Pizza aussehen.

Ein Taschenrechner kann einem auch dabei helfen, Brüche zu vergleichen. Was ist am größten: $^{14}/_{19}$, $^{27}/_{35}$, $^{32}/_{41}$ oder $^{36}/_{47}$? Verwandeln Sie sie in Dezimalbrüche, und die Antwort wird offensichtlich! In derselben Reihenfolge werden sie zu 0,737, 0,771, 0,780 und 0,766. Der größte Dezimalbruch ist 0,780, also ist $^{32}/_{41}$ der größte Bruch.

Ein paar eigentümliche Dezimalbrüche

- $\frac{1}{9}$ = 0,1111111 … $\frac{2}{9}$ = 0,2222222 … $\frac{3}{9}$ = 0,3333333 … und so weiter.
- $\frac{1}{11}$ = 0,090909…
- $\frac{1}{7}$ = 0,142857142857142857 … und derselbe Ziffernzyklus erscheint in $\frac{2}{7}$, $\frac{3}{7}$, $\frac{4}{7}$, $\frac{5}{7}$ und $\frac{6}{7}$, nur versetzt.

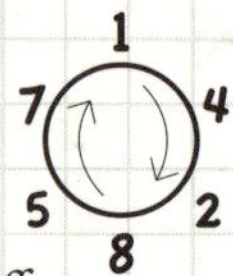

$\frac{2}{7}$ = 0,2857142857142857.

- $\frac{1}{9801}$ = 0,00 01 02 03 04 05 06 07 08 09 10 11 12 13 … und so weiter.

Multiplizieren und Dividieren mit 10, 100 oder 1000

Wenn man ganze Zahlen mit 10 multiplizieren will, hängt man einfach eine Null ans Ende an, etwa 10 x 37 = 370. Es ist jedoch nützlicher und genauer, sich vorzustellen, dass man die Ziffern um eine Spalte nach links verschiebt.

Wenn wir durch 10 dividieren wollen, bewegen wir die Ziffern um eine Spalte nach rechts, also 37 ÷ 10 = 3,7. Hier bewegen sich die Ziffern über das Dezimalkomma, daher müssen wir es in die Zahl hineinschreiben. Wenn wir durch 100 teilen, rutschen wir zwei Stellen weiter; teilen wir durch 1000, sind es drei. Wenn dabei Lücken zwischen den Ziffern und dem Dezimalkomma entstehen, müssen wir sie mit Nullen auffüllen: 37 ÷ 1000 = 0,037.

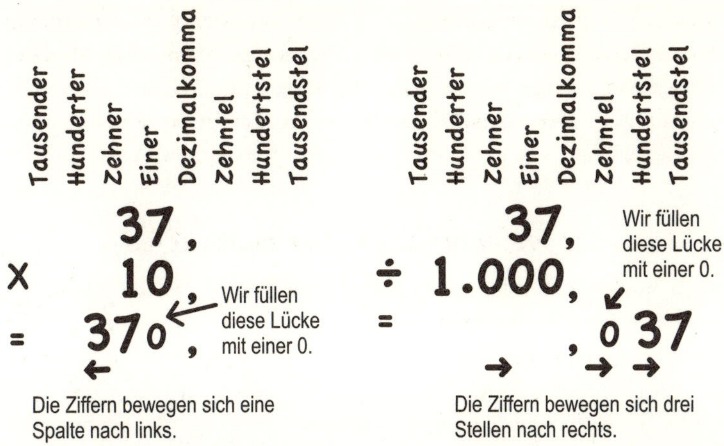

Man kann Dezimalbrüche genauso leicht multiplizieren und dividieren wie ganze Zahlen, indem man sie nach links oder rechts bewegt: 0,0451 x 100 = 4,51 oder 0,0023 ÷ 10 = 0,00023.

Aufgaben mit Dezimalbrüchen

$$\begin{array}{r} 4{,}070 \\ -0{,}256 \\ =3{,}814 \end{array}$$

Das Addieren und Subtrahieren von Dezimalbrüchen ist ziemlich einfach. Man ordnet die Zahlen an, als würde man eine normale Rechnung durchführen, man muss nur aufpassen, dass die Dezimalkommas alle übereinander stehen. Wenn Sie 4,07 – 0,256 ausrechnen wollen, sieht es so aus, als gäbe es nichts, von dem man die 6 abziehen könnte. Keine Panik! Sie können einfach eine Extra-Null ans Ende der 4,07 schreiben, damit sich die 6 nicht alleine fühlt.

Jedoch ist es sehr unwahrscheinlich, dass Sie je Dezimalbrüche ohne Taschenrechner multiplizieren (oder dividieren) müssen, außer Sie sitzen gerade in einer Mathe-Prüfung oder helfen einer Zwölfjährigen bei ihren Hausaufgaben. Doch nur für den Fall, dass Sie in einer taschenrechnerlosen Situation festsitzen ... Mrs. Beaumont liebt den

Superlight-Jogurt, weil er nur das winzige Bisschen von 0,04 Prozent Fett enthält. Es klingt unerheblich, aber wenn sie 1,2 Liter von dem Zeug verschlungen hat, wie viel Fett hat sie dann intus?

Die Aufgabe lautet 1,2 x 0,04. Wenn Sie ein paar bescheidene kleine Dezimalbrüche wie diese multiplizieren wollen, zählen Sie erst, wie viele Ziffern hinter den Kommas stehen. Hier haben wir drei Ziffern hinter den Kommas, die 2, die 0 und die 4. Jetzt multiplizieren Sie die Zahlen ohne die Kommas. 12 x 04 = 48. Jetzt setzen Sie das Dezimalkomma ein und achten darauf, dass genauso viele Ziffern dahinter stehen, wie sie vorher gezählt haben. Hier brauchen wir drei Ziffern nach dem Komma, also lautet das Ergebnis 0,048.

Mrs. Beaumont hat 0,048 Prozent eines Liters (oder 48 Milliliter) an Fett geschluckt, was ausreicht, um eine Kerze von der Größe einer Karotte herzustellen. Igitt.

Was ist mit komplizierteren Dezimalbrüchen?

Dezimalbrüche sind meist erheblich unangenehmer als Mrs. Beaumonts Fettproblem, wenn man Dinge umrechnet. Auf Seite 132 finden Sie einen ganzen Abschnitt darüber, wie man Liter in Pints und Meter in Inches umrechnet, aber hier kommen erst einmal ein paar Beispiele, die zeigen, was man mit den Zahlen macht. Es ist immer hilfreich, mit einer groben Schätzung anzufangen.

Sie wollen von einem Treffen europäischer Stepptänzer in London zurück nach Frankfurt am Main fliegen, und das Höchstgewicht für Gepäck beträgt 23 kg. Die vertrauenswürdige alte Waage Ihres Gastgebers zeigt allerdings 48,1 (englische) Pfund an ... Dürfen Sie ihn mitnehmen? Zuerst mal müssen Sie wissen, dass 1 (englisches) Pfund = 0,454 kg ist. Das heißt, das Gewicht Ihres Koffers in Kilogramm beträgt 48,1 x 0,454.

48,1 ist etwa 50, und 0,454 ist nicht ganz 0,5, daher sollte das Ergebnis in der Gegend von 50 x 0,5 = 25 liegen.

Oh weh! Die Grobschätzung von 25 kg heißt wohl, dass Ihr Koffer zu schwer ist, aber ehe Sie Ihre neuen, teuren Steppschuhe mit Monogramm zurücklassen, rechnen wir es doch lieber genau aus. Sie ziehen es vielleicht vor, die Aufgabe in Brüchen zu schreiben, damit Sie oben ganze Zahlen haben.

$$48{,}1 \times 0{,}454 = \frac{481}{10} \times \frac{454}{1.000} = \frac{481 \times 454}{10 \times 1.000} = \frac{218.374}{10.000} = 21{,}8374$$

Gott sei Dank! Der Koffer wiegt knapp unter 22 kg, die Steppschuhe dürfen also mit zurück. Hurra!

Man kann Dezimalbrüche auch multiplizieren, indem man die Gittermethode von Seite 34 anwendet.

Auf dieselbe Weise kann man durch Dezimalbrüche teilen. Angenommen Sie hätten vor Ihrem Rückflug in einem Secondhandshop in London eine fantastische orangefarbene Disco-Hose mit einer Taillenweite von 32 Inches entdeckt. Die Verkäuferin nimmt bei Ihnen Maß und teilt Ihnen höchst hilfreich mit, dass Ihre Taille 1,14 Meter misst. Wenn 1 Inch = 0,0254 Meter ist, wird es dann grauenhaft peinlich, wenn Sie die Hose anprobieren? Die Aufgabe, Ihren Taillenumfang in Inches herauszufinden, lautet 1,14 ÷ 0,0254.

Grob schätzen!

1,14 liegt nah bei 1 und 0,0254 ist nah bei 0,03 oder $3/100$, deshalb ist das Überschlagsergebnis $1 \div 3/100$. Durch $100/3$ dividieren ist dasselbe wie mit – $3/100$ multiplizieren. (Siehe »Mit Brüchen dividieren« auf Seite 62). Die Schätzung wird damit zu $1 \times 100/3 = 100/3$ = ungefähr 33.

Es sieht so aus, als sei die Hose das Risiko wert, aber um sicherzugehen, rechnen wir Ihren Taillenumfang genau aus:

$$1{,}14 \div 0{,}0254 = \frac{114}{100} \quad \frac{254}{10.000} = \frac{114}{100} \times \frac{10.000}{254} = \frac{1.140.000}{25.400} = \frac{11.400}{254} = 44{,}88$$

Das Ergebnis besagt, dass Sie einen Taillenumfang von 44,88 Inches haben, daher würden die orangefarbenen Hosen in der Garderobe höchstwahrscheinlich explodieren. Aber nehmen Sie es nicht zu tragisch: Das wäre immer noch besser, als wenn man Sie damit beim Stepptanz gesehen hätte.

Sie denken jetzt vielleicht, dass 44,88 sehr weit weg von der 33er-Schätzung war, aber wenn derart viele Nullen herumfliegen, dient die Schätzung hauptsächlich der Vergewisserung, dass man das Dezimalkomma an der richtigen Stelle hat. Wenn 4,488 Inches oder 0,04488 Inches herausgekommen wären, hätten wir Grund zur Besorgnis gehabt.

POTENZEN UND WURZELN

Die meisten von uns werden mathematische Potenzen und Wurzeln nie brauchen, obwohl sie sich einschleichen, wenn man mit Flächen oder Rauminhalten zu tun hat, die später im Buch erläutert werden. Falls Sie jedoch zufällig Rennwagen entwerfen oder Weltraumfahrten planen, sind sie unabdingbar, um Geschwindigkeit, Beschleunigung, Bremsweg und Treibstoffverbrauch auszurechnen.

Quadrate und Quadratwurzeln

Quadratzahlen haben wir schon in der Multiplikationstabelle auf Seite 25 gesehen. Sie haben für gewöhnlich mit Flächenberechnungen zu tun, und es gibt eine Menge Arten, sie auszudrücken: 7 im Quadrat ist dasselbe wie 7 x 7 ... was sich als 7^2 schreiben lässt ... was man auch 7 hoch 2 nennen kann. Aber wie immer Sie es schreiben oder ausdrücken, letztlich ist es 49.

Angenommen, Sie fangen mit der 49 an und wollen sich zurückhangeln: Sie müssen herauskriegen, welche Zahl, multipliziert mit sich selbst, 49 ergibt. Man nennt das die *Quadratwurzel* von 49, die man $\sqrt{49}$ schreiben kann ... oder sogar als $49^{1/2}$ ... was man 49 hoch einhalb ausspricht ... doch wie immer Sie es schreiben oder ausdrücken, letztlich ist es 7. (Die Quadratwurzel von 49 kann sogar –7 sein, da die Multiplikation von zwei negativen Zahlen eine positive ergibt.)

Die Quadratwurzeln von Quadratzahlen wie 1, 4, 9, 16 und 25 zu bekommen ist einfach, weil die Wurzeln ganze Zahlen sind. Viel unangenehmer ist es, die Quadratwurzeln von anderen Zahlen herauszubekommen. Zum Beispiel ist die 19 keine Quadratzahl, und wenn Sie eine Fläche von 19 Quadratmetern hätten, wie lang wäre dann jede Seite?

Die Antwort heißt $\sqrt{19}$, aber wie groß ist das genau? Wir wissen, dass $\sqrt{16} = 4$ und $\sqrt{25} = 5$, also muss die Quadratwurzel von 19 irgendwo zwischen 4 und 5 liegen.

Eine genaue Lösung mit Papier und Bleistift zu erarbeiten, erfordert einiges an geistiger Gymnastik, daher ist Ihnen verziehen, wenn Sie zum Taschenrechner greifen. Sie drücken nur auf <19 √> und bekommen das Ergebnis 4,3588989 … und das ist ein Dezimalbruch, der endlos weitergeht, ohne sich zu wiederholen oder ein Muster zu bilden. Dezimalbrüche, die sich so verhalten, nennt man irrational. Alle Quadratwurzeln, die keine ganzen Zahlen sind, sind irrational.

Andere Potenzen und Wurzeln

Sie können jede beliebige andere Potenz haben, die Sie wollen, aber die einzige andere, der Sie vermutlich je begegnen werden, ist die dritte Potenz, zum Beispiel 6^3 = sechs hoch drei = $6 \times 6 \times 6 = 216$. Dritte Potenzen werden hauptsächlich bei der Berechnung von Rauminhalten (Volumina) verwendet, und die einfachste Berechnung würde sich auf einen kubischen Behälter beziehen (das heißt, auf einen Behälter, dessen Seiten, Boden und Decke jeweils ein Quadrat bilden).

Die Umkehrung der dritten Potenz nennt man Kubikwurzel, und das Symbol dafür sieht aus wie das der Quadratwurzel, nur dass jetzt noch eine kleine ^{3} hinzugekommen ist: $\sqrt[3]{216} = 6$.

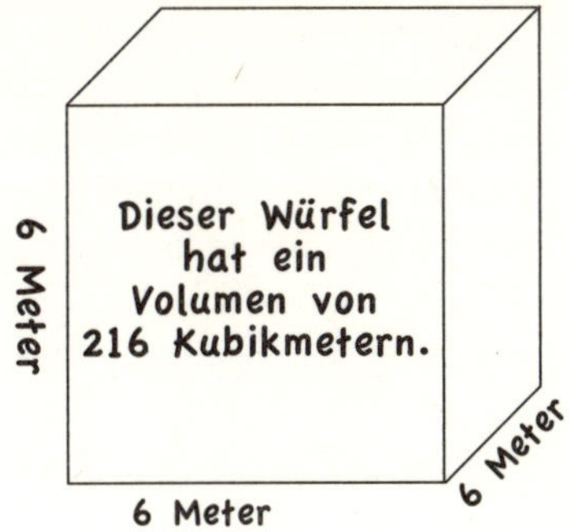

Wenn Sie also wüssten, dass ein Behälter ein Volumen von 216 Kubikmetern hat, dann ist die Länge jeder Seite in Metern die Kubikwurzel aus 216, die 6 beträgt.

Wenn Sie eine *negative* Potenz haben, dividieren Sie durch die Zahl. Zum Beispiel ist 10^{-3} zehn hoch minus drei. Das ist genauso viel wie:

$$\frac{1}{10^3} = \frac{1}{10 \times 10 \times 10} = \frac{1}{1.000} = 0{,}001$$

Negative Potenzen tauchen auf, wenn Sie mit irrwitzig großen oder lächerlich kleinen Zahlen zu tun haben, wie Sie im nächsten Abschnitt sehen werden.

Die wissenschaftliche Notation

Die Masse der Erde beträgt etwa 6.000.000.000.000.000.000.000.000 kg

Der anspruchsvolle Name für diese Zahl ist sechs Quadrillionen, aber es ist viel einfacher zu sagen »eine Sechs mit vierundzwanzig Nullen dahinter«. Man kann sie genauso beschreiben, indem man andere Zahlen verwendet, nämlich so:

Die Masse der Erde beträgt etwa 6×10^{24} kg

Angenommen, wir würden 6×10^3 multiplizieren. Das ist dasselbe wie 6 x 1.000, deshalb würden wir die 6 drei Stellen nach links schieben und erhielten 6.000. Auf dieselbe Weise bedeutet 6×10^{24} eine 6 mit 24 Nullen am Ende.

Wenn Sie das Gewicht genauer angeben wollten als nur mit einer einzigen Ziffer wie 6, würden Sie einen Dezimalbruch mit nur einer Ziffer vor dem Komma verwenden und dann mit der Zehnerpotenz multiplizieren, nämlich so:

Die Masse der Erde beträgt $5{,}9736 \times 10^{24}$ kg

Zahlen auf diese Art zu schreiben wird »wissenschaftliche Notation« genannt. Obwohl jetzt viel mehr Ziffern in dem Dezimalbruch sind, hat sich das $\times 10^{24}$ nicht geändert. Wenn man jetzt mit 10^{24} multipliziert, schiebt man immer noch die Ziffern vierundzwanzig Stellen nach links und füllt die Lücken nach den Ziffern des Dezimalbruchs mit so vielen Nullen, wie man benötigt. Da die Ziffern 9736 bereits vier Plätze einnehmen, hängen wir nur 20 Nullen an, um das Erdgewicht als 5.973.600.000.000.000.000.000.000 kg hinzuschreiben.

Man kann die wissenschaftliche Notation auch für sehr kleine Zahlen verwenden:

Die Masse eines Wasserstoffatoms beträgt $1{,}67 \times 10^{-27}$ kg

Auf den ersten Blick sieht es aus, als hätte ein Wasserstoffatom eine größere Masse als die Erde. Es ist das winzige Minuszeichen, das den ganzen Unterschied ausmacht, denn anstatt zu multiplizieren dividieren wir jetzt. Deshalb ist $\times 10^{-27}$ dasselbe wie $\div 10^{27}$, und daher müssen wir jetzt alle siebenundzwanzig Stellen nach rechts schieben.

Die meisten Taschenrechner benutzen dieses System, um Zahlen darzustellen, die nicht auf die Anzeige passen. Anstelle von 1,67 x 10^{-27} zeigen sie aber wahrscheinlich 1.67 E –27. (Das E bedeutet »exponentiell« oder »Potenz«.)

DURCHSCHNITTS-WERTE

Durchschnittswerte tauchen häufig in den Nachrichten auf, vor allem, wenn Ihnen etwas Schockierendes oder Verblüffendes vermittelt werden soll, wie etwa der Anstieg der durchschnittlichen Erderwärmung, die durchschnittliche Menge Schlaf, die Heranwachsende brauchen, oder die durchschnittliche Anzahl von Autos, die Fußballer besitzen. Eigentlich gibt es drei Arten von Durchschnitten, das »arithmetische Mittel«, den »Modus« und den »Median«, aber wenn von Durchschnittswerten die Rede ist, meint man für gewöhnlich das arithmetische Mittel.

Das arithmetische Mittel

Das Ausrechnen von Durchschnittswerten kann einem helfen, vorauszusagen, was geschehen wird. Wenn Sie zum Beispiel letztes Jahr 7 Tage Urlaub in Oberhausen gemacht haben und dabei 350 € ausgaben, beliefen sich die durchschnittlichen Kosten pro Tag auf 350 € ÷ 7 = 50 €. Wenn Sie in diesem Jahr für 10 Tage wieder dorthin fahren wollen, wissen Sie, dass Sie etwa 50 € x 10 = 500 € brauchen werden. Jetzt wollen wir uns ansehen, wie das arithmetische Mittel einem ehrgeizigen Geschäftsmann helfen kann …

Letzten Samstag parkte Kalle seinen fahrbaren Kuchenstand direkt am Zaun einer Gesundheitsfarm. Vierzig Leute langten durch den stacheldrahtbewehrten Maschenzaun, um seine Apfeltörtchen zu kaufen. Eine Person kaufte lediglich ein Törtchen, fünfzehn Leute kauften zwei und so weiter. Das genaue Ergebnis steht in dieser Übersicht:

Verkaufte Törtchen pro Person	1	2	3	4	5	6	7
Anzahl der Personen	1	15	9	4	6	3	2
Gesamtzahl der Törtchen (Törtchen x Personen)	1	30	27	16	30	18	14

Um die durchschnittliche Anzahl von Törtchen auszurechnen, die jede Person kaufte, rechnet man so:

Gesamtzahl der verkauften Törtchen ÷ Gesamtzahl der Personen

Die Gesamtzahl der verkauften Törtchen findet man, indem man alle Zahlen der unteren Reihe addiert, wobei man auf 136 Törtchen kommt, und die Gesamtzahl der Personen, nämlich 40, ergibt sich, wenn man die Zahlen der mittleren Reihe zusammenzählt.

136 ÷ 40 = 3,4

Die Durchschnittszahl von Törtchen, die jede Person kaufte, war also 3,4. Da Kalle jetzt den Durchschnittswert kennt, kann er sich ausrechnen, wie viele Törtchen er zukünftig bestellen muss. Angenommen, er erwartet, dass er 1000 Leuten etwas verkauft, ehe man ihn schließlich wegen Untergrabung des Kurbetriebs verhaftet, wird die Gesamtzahl der verkauften Törtchen, mit der er rechnen kann, bei etwa 3,4 x 1.000 = 3.400 liegen.

Modus und Median

Der Modus ist die Zahl, die in einer Gruppe von Ergebnissen am häufigsten auftaucht. Es haben mehr Leute 2 Törtchen gekauft als jede andere Menge, daher ist 2 der Modus. Würde man eine zufällig ausgewählte Person unter all denen anhalten, die mit ihren Törtchen zur Gesundheitsfarm zurückwatscheln, und sie fragen, wie viele Törtchen sie gekauft hätte, dann wäre die wahrscheinlichste Antwort: zwei.

Der Median ist der Wert, der in der Mitte der Spanne von Ergebnissen steht. Er kann als ungefährer Hinweis auf den Durchschnittswert hilfreich sein. Wenn man eine *ungerade* Zahl von Ergebnissen hat, ist er leicht zu finden. Kalle schreibt sich das Alter seiner ersten fünf Kunden der Größe nach auf:

Alter 23 28 31 37 66

↑

Median

Der Median ist hier 31.

Hat man eine *gerade* Zahl von Ergebnissen, nimmt man die beiden mittleren und rechnet ihren Durchschnittswert (ihr arithmetisches Mittel) aus. Kalle hat acht treue Kunden nach ihrem Gewicht gefragt und die Angaben der Größe nach notiert:

Gewicht in kg 61 72 72 73 78 84 89 112

↑

Der Median ist das arithmetische Mittel von 73 und 78

$$73 + 78 = 151 \text{ und } \frac{151}{2} = 75{,}5$$

Die beiden Werte in der Mitte sind 73 und 78, daher beträgt das Median-Gewicht seiner acht treuen Kunden 75,5 kg.

ALGEBRA

Selbst wenn Sie damals in der Schule das Dividieren großer Zahlen und die Dezimalbrüche überlebt haben sollten – spätestens die Algebra dürfte Sie vermutlich dazu gebracht haben, einen Feueralarm zu simulieren, um dem Elend ein Ende zu bereiten. Das ist nur allzu verständlich. Rechenaufgaben mit Zahlen sind sinnvoll, denn dafür sind Zahlen da. Aber Rechenaufgaben mit Buchstaben? Das kann doch keinen Sinn ergeben ... oder doch?

Was ist Algebra überhaupt?

Algebra funktioniert wie eine Sprache. Sie ist eine schnelle Methode, Fragestellungen zu beschreiben und darzustellen, und wenn man ihre Grundregeln einmal verstanden hat, dann verhilft sie einem mit minimalem Aufwand zu Ergebnissen. Es ist so, als seien Sie im Ausland und wollten jemanden nach einem vegetarischen Restaurant fragen. Sie können Stunden mit der pantomimischen Darstellung davon verbringen, wie Sie geröstete Nüsse und Selleriestängel essen, aber wenn Sie die Landessprache beherrschen, bekommen Sie die Auskunft in Sekunden.

Die verwendeten Buchstaben repräsentieren lediglich Zahlen, die man noch nicht kennt. Etwas weiter unten werden wir den Preis einer Tasse Kaffee ausrechnen, aber weil es mühselig ist, jedesmal »Preis einer Tasse Kaffee« hinzuschreiben, sagen wir stattdessen kurz und knapp k.

Zu Beginn geben wir uns noch gar nicht mit Buchstaben ab, sondern sehen uns an, wie ein paar Zahlen ohne Buchstaben funktionieren, dadurch werden die Grundregeln sichtbar.

Positiv-, Negativ- und Ist-gleich-Zeichen

Die folgende kleine Aufgabe hat ein Ist-gleich-Zeichen in der Mitte, deshalb nennt man sie eine »Gleichung«.

$$7 - 2 = 4 + 1$$

Die Zahlen auf der linken Seite ergeben 5, und die Zahlen auf der rechten Seite ergeben ebenfalls 5. Der Schlüssel zur Algebra besteht darin, dass man weiß, wie man die Zahlen und Buchstaben in einer Gleichung so umgruppieren kann, dass sich das Ergebnis ausrechnen lässt.

Jede Zahl muss entweder positiv oder negativ sein.

Alle negativen Zahlen haben immer das Zeichen – vor sich stehen. Alle positiven Zahlen sollten das Zeichen + haben, aber es wird nicht immer hingeschrieben.

Es ist erhellend, sich eine Gleichung als Kinderwippe vorzustellen, bei der das Ist-gleich-Zeichen der Drehachse entspricht. Die positiven Zahlen sind Gewichte, die nach unten drücken, und die negativen Zahlen sind Ballons, die nach oben ziehen.

$$7 - 2 = 4 + 1$$

Wenn wir die Zahlen auf einer Seite umherschieben, müssen sie ihre Vorzeichen mitnehmen. Vertauschen wir zum Beispiel die Zahlen auf der linken Seite, bekommen wir:

$$-2+7=4+1$$

Hier sehen Sie, dass das Minuszeichen an der 2 kleben bleiben muss, denn sonst würde die Gleichung nicht mehr stimmen. Die 7 hat in der Gleichung ein + bekommen, um uns zu verdeutlichen, dass sie positiv ist. Nehmen wir an, wir wollten jetzt die + 7 allein auf der linken Seite haben. Dafür gibt es nur eine einzige goldene Regel:

Sie können mit Gleichungen machen, was Sie wollen, solange Sie beide Seiten genau gleich behandeln.**

Um die +7 links allein zu haben, müssen wir dort die –2 loswerden. Man macht das, indem man +2 addiert, muss das aber, der Regel entsprechend, auf beiden Seiten der Gleichung tun.

** Das Einzige, was Sie nicht machen können, ist, beide Seiten durch Null teilen, denn dann stürzt das Universum in sich zusammen. Warum, steht auf Seite 100.

$- 2 + 7 + 2 = 4 + 1 + 2$

Die –2 und die +2 auf der linken Seite ergeben 0, daher löschen sie sich gegenseitig aus. Rechts haben wir immer noch die neue +2, also erhalten wir:

$7 = 4 + 1 + 2$

Wenn Sie es überprüfen, sehen Sie, dass 7 gleich 4 + 2 + 1 ist, und damit haben wir einen kleinen Trick vorgeführt:

Wir fingen hiermit an ... und endeten hiermit.

$- 2 + 7 = 4 + 1 \qquad + 7 = 4 + 1 + 2$

Die –2 hat die Seiten getauscht und sich in eine +2 verwandelt.

Wenn man eine Zahl über das = bewegt, ändert man das Vorzeichen! Deshalb wird – zu +, und + wird zu –.

Hier noch etwas, das uns die Wippe verdeutlichen kann. Man kann die beiden Seiten vertauschen:

4 + 2 + 1 = 7

Klammern

Bleiben wir noch einen Augenblick bei 7 = 4 + 1 + 2. Angenommen, wir wollten wissen, was gleich 14 ist. Wir müssen die 7 mit 2 multiplizieren, und das müssen wir mit beiden Seiten der Gleichung tun. Auf der rechten Seite sind drei Einheiten, und sie müssen alle mit 2 multipliziert werden. Das sieht so aus:

2 x 7 = 2(4 + 1 + 2)

Sie sehen, dass wir alles auf der rechten Seite in eine Klammer gesetzt haben. Wir hätten auch schreiben können: 2 x 4 + 2 x 1 + 2 x 2, aber die Klammer spart Zeit. Die 2 vor der Klammer wird »Koeffizient« genannt.

Wenn man eine Zahl hat, die direkt vor einer Klammer steht, multipliziert man sie mit allem, was sich in der Klammer befindet.

Her mit den Buchstaben!

Mittlerweile sind Sie vermutlich ganz begierig darauf, ein paar dicke simultane Differentialgleichungen vorgesetzt zu bekommen, aber es ist sinnvoller, es langsam angehen zu lassen.

Sie treffen Malcolm auf der Straße, der ein bisschen bestürzt dreinblickt. Er hatte gerade seine Mutter in ein Barstucks-Café eingeladen und hatte 10 € dabei. Sie tranken jeder einen Kaffee, und jetzt hat er nur noch 1,20 € übrig. Was hat ein Kaffee gekostet? Wir wissen Folgendes:

10 € minus den Preis für zwei Tassen Kaffee = 1,20 €

Wir können eine Menge Tinte sparen, wenn wir den Preis für eine Tasse Kaffee *k* nennen. Das bedeutet, dass der Preis von zwei Tassen Kaffee 2 x *k* ist, allerdings schreibt man das üblicherweise einfach als 2*k*.

Machen wir eine Gleichung daraus, und sehen wir, wie wir weiterkommen.

10 € - 2k = 1,20 €

Wir wollen das so umgruppieren, dass das *k* allein auf der linken Seite vor dem = steht. Als Erstes schieben wir die 10 € hinüber und ändern ihr Vorzeichen in minus:

- 2k = 1,20 € - 10 €

Das Minuszeichen vor dem 2*k* ist irgendwie hässlich, also lassen wir es verschwinden. Wir multiplizieren alles auf beiden Seiten der Gleichung mit –1. Dadurch wird jedes + zu – und jedes – zu +:

2k = 10 € - 1,20 €

Jetzt rechnen wir 10 € – 1,20 € = 8,80 €

$$2k = 8{,}80 \text{ €}$$

Wir wollen k für sich alleine haben und teilen deshalb beide Seiten durch 2 und bekommen die Lösung!

$$k = 4{,}40 \text{ €}$$

4,40 € für einen Kaffee? Kein Wunder, dass Malcolm so bestürzt aussah, aber so ist Barstucks eben ...

Was man darf und was nicht

In der Algebra gibt es noch ein paar kleine Regeln, die irritierend wirken, aber sie leuchten einem ein, wenn man sich vorstellt, man hätte ein paar identische Streichholzschachteln. Jede Schachtel enthält *s* Streichhölzer, daher ist die Gesamtzahl der Streichhölzer 3 x *s* oder einfach 3*s*. Die Zahl 3 ist hier der Koeffizient von *s*.

Nachdem wir jetzt einen Überblick über unsere Streichholzschachteln haben, betrachten wir die Regeln und sehen, wie wir sie auf die Streichhölzer anwenden können:

❶ Man kann einen Koeffizienten mit einer Zahl multiplizieren.

Wenn wir einen zweiten Stoß von drei Streichholzschachteln holen …

… sehen wir, dass zweimal 3*s* zu 6*s* wird.

❷ Man kann zu einem Koeffizienten keine Zahl addieren.

Wenn wir noch drei einzelne Streichhölzer finden …

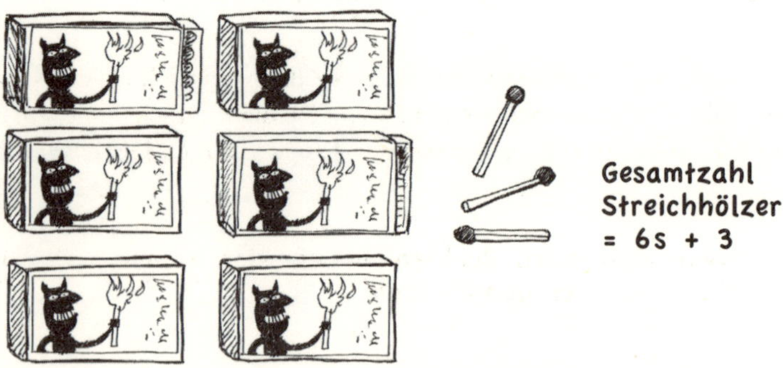

… dann haben wir 6*s* + 3 Streichhölzer. Man kann nicht die 3 zu der 6 addieren, um 9*s* zu bekommen.

❸ Man *kann* Koeffizienten addieren, wenn der Buchstabe derselbe ist.

Wenn wir noch zwei Streichholzschachteln finden ...

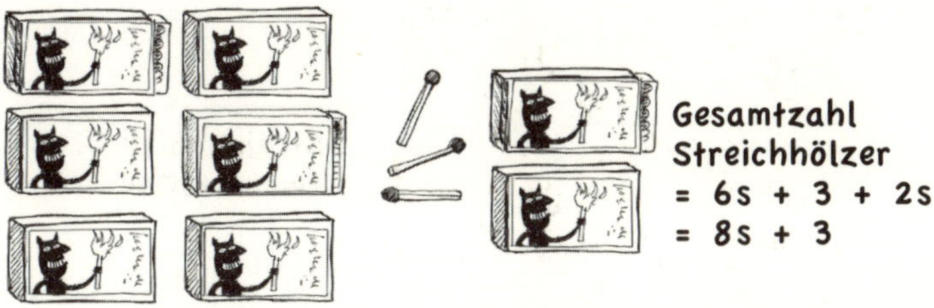

... dann zeigt sich, dass wir die 6*s* zu den 2*s* addieren können, aber nicht die 3.

Hier folgen noch drei Regeln, aber keine Sorge, wenn sie jetzt noch keinen Sinn ergeben. Sie werden später sehen, wo sie angewendet werden.

❹ Wenn man ein Minus vor einer Klammer beseitigt, ändert man die Zeichen innerhalb der Klammer.

Wenn Sie so etwas haben wie $3 - (2x - 4)$, dann muss alles in der Klammer mit -1 multipliziert werden. Wenn Sie die Klammer auflösen, erhalten Sie $3 - 2x + 4$. Das $+2x$ ist zu $-2x$ geworden und die -4 wurde zur $+4$.

❺ Wenn man einen Buchstaben mit sich selbst multipliziert, wird er quadratisch.

Das heißt, y x y ergibt y^2. (Was Quadratzahlen sind, haben wir auf Seite 79 gesehen.) Wenn Sie $4y$ x $3y$ haben, dann erhalten Sie $12y^2$. Die Koeffizienten werden einfach multipliziert, und die Buchstaben bekommen das Quadrat-Zeichen.

❻ Wenn man unterschiedliche Buchstaben und Zahlen multiplizieren will, multipliziert man die Zahlen und schreibt die Buchstaben dahinter zusammen.

Wenn Sie also etwa $2x \times 4y$ haben, ergibt das $8xy$. Solche Fälle tauchen oft auf, wenn man Dinge in Klammern multipliziert. Zum Beispiel: $3p(7q - 2p) = 21pq - 6p^2$.

Na schön, dann schauen wir jetzt mal, was wir mit diesem Zeug anfangen können.

Mathematische Rätsel, mit Algebra gelöst

Algebra kann unglaublich praktisch sein, wenn man Probleme löst oder Rätselaufgaben ausrechnet. Hier sind ein paar für den Einstieg:

Der Schwindel mit dem Kornfeld

Die Baufirma Pfusch & Husch will von Bauer Schaaf ein Stück Land kaufen. Man kommt überein, dass es ein Quadrat von 20 m x 20 m sein soll, das eine Gesamtfläche von 400 Quadratmetern oder m^2 hätte. Als Firmeninhaber Helmut Pfusch jedoch das Areal besichtigt, stellt er fest, dass etwas nicht stimmt: Das Feld ist rechteckig und nicht quadratisch!

Ist der Bauer fair?

Auch wenn wir nicht wissen, um wie viel Meter die Seiten zu kurz beziehungsweise zu lang sind, wissen wir aber immerhin, dass es dieselbe Zahl ist, die wir x nennen wollen. Wir zeichnen uns ein Diagramm des Kornfelds.

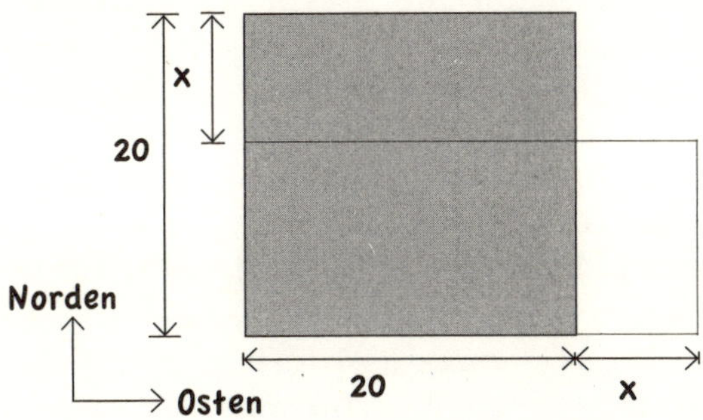

Der graue Bereich zeigt, wie das Kornfeld als Quadrat von 20 m x 20 m ausgesehen hätte. Das Rechteck misst $(20 - x)$ in nördlicher Richtung und $(20 + x)$ in östlicher. Um die Fläche des Rechtecks zu erhalten, multiplizieren wir diese zwei Zahlen miteinander und bekommen: $(20 - x) \times (20 + x)$, aber da man für gewöhnlich das Mal-Zeichen weglässt, schreiben wir einfach $(20 - x)(20 + x)$.

Wenn man zwei Klammern multipliziert, muss man alles in der einen Klammer mit allem in der anderen Klammer multiplizieren.

Man macht das, indem man die erste Klammer öffnet und jeden Bestandteil mit der zweiten Klammer multipliziert. Die Aufgabe sieht dann so aus:

$$\begin{aligned}(20 - x)(20 + x) &= 20(20 + x) - x(20 + x) \\ &= 400 + 20x - 20x - x^2 \\ &= 400 - x^2\end{aligned}$$

Als wir den Teil mit $-x(20 + x)$ ausmultipliziert haben, mussten wir erst $-x \cdot 20 = -20x$ ausrechnen. Beachten Sie, dass das Minuszeichen beibehalten werden musste. Dann hatten wir noch $-x \cdot x$, was uns das $-x^2$ brachte. In der nächsten Zeile hoben sich $+20x$ und $-20x$ gegenseitig auf, sodass wir die eigenartige Lösung $400 - x^2$ erhielten. Was sagt uns die?

Wenn das Grundstück quadratisch gewesen wäre, hätte Herr Pfusch seine 400 Quadratmeter Land bekommen. Doch als der Bauer die Form so änderte, wie er es tat, wurde die Fläche des Grundstücks um x^2 vermindert. Je größer der Wert von x ist, desto mehr wird Herr Pfusch hereingelegt. (Erinnern Sie sich: x besagt, um wie viel die Seiten länger beziehungsweise kürzer sind.)

Wäre das Feldstück in der einen Richtung 5 Meter zu kurz und in der anderen 5 Meter zu lang, dann ist $x = 5$. Wir können die Fläche des rechteckigen Areals nun auf zweierlei Weisen berechnen. Zum einen können wir unser Ergebnis von $400 - x^2$ nehmen und das x gegen die 5 tauschen. Dann ist das Grundstück $400 - 5^2$, was $400 - 25 = 375$ entspricht. Zum andern können wir die Seiten des Rechtecks multiplizieren. Nach Norden ist es $20 - 5 = 15$ lang und nach Osten $20 + 5 = 25$. Die Fläche beträgt also $15 \times 25 = 375$. Beide Ergebnisse sind gleich, also hat die Algebra funktioniert!

Die Differenz zweier Quadrate

Sie haben einen quadratischen Briefmarkenbogen von 6 x 6 Marken. Jemand nimmt Ihnen ein paar Marken weg, sodass Ihnen ein Quadrat von 4 x 4 Marken bleibt. Wie viele Marken fehlen?

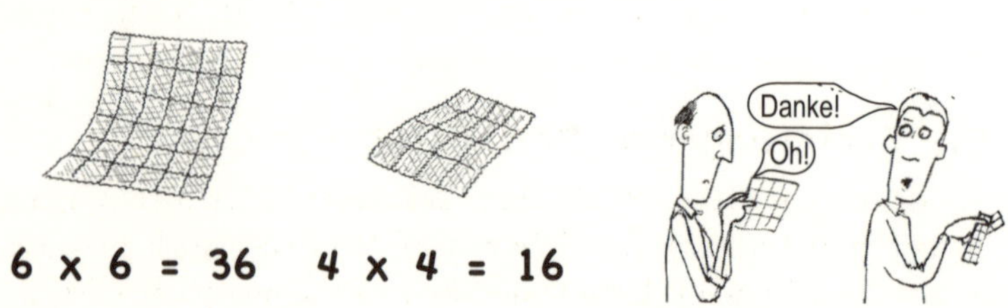

Wir müssen $6^2 - 4^2$ ausrechnen. Wenn man eine Quadratzahl von einer anderen subtrahiert, nennt man das Ergebnis die »Differenz zweier Quadrate«. In diesem Fall ist das leicht auszurechnen, weil es sich um kleine Zahlen handelt: 36 – 16 = 20. Doch es gibt eine Regel, die auf alle beliebigen Quadratzahlen passt.

Die Differenz zweier Quadrate ist gleich der Summe mal der Differenz.

Die Formulierung ist äußerst verwirrend, aber ich sage Ihnen, was gemeint ist. Um $6^2 - 4^2$ auszurechnen, brauchen Sie zuerst die *Summe* der beiden (Grund)zahlen: 6 + 4 = 10. Außerdem brauchen Sie die *Differenz* dieser beiden Zahlen: 6 – 4 = 2. Nun multiplizieren Sie die Summe mit der Differenz. Und siehe: 10 x 2 = 20, also genau das, was wir oben schon ausgerechnet haben.

Statt mit Worten lässt sich die Regel der »Differenz zweier Quadrate« einfacher in Form einer algebraischen Gleichung hinschreiben. Wir nehmen *a*, um die eine der Zahlen darzustellen, und *b* für die andere. Und so sieht die Regel nun aus:

$$a^2 - b^2 = (a + b)(a - b)$$

Wir haben eben gesehen, dass das funktioniert, wenn $a = 6$ und $b = 4$, aber diese Gleichung funktioniert bei allen Werten für *a* und *b*. Wenn Sie nun denken, dass die Differenz zweier Quadrate im wirklichen Leben nie vorkommt, stellen Sie sich vor, es sei $a = 20$ und $b = x$ und blättern Sie zurück zu den Gleichungen beim Kornfeld-Schwindel. Wie Sie sehen, hatten wir dort $(20 - x)(20 + x) = 400 - x^2$. Na bitte!

Die Erklärung des Drei-Zahlen-Tricks

Als wir uns auf Seite 28 mit dem Einmaleins-Gitter beschäftigten, stellten wir Folgendes fest: Wenn man drei aufeinander folgende Zahlen nimmt und die kleinste mit der größten multipliziert, ist das

Ergebnis immer um eins geringer als die mittlere Zahl im Quadrat. Nehmen wir zum Beispiel 12, 13 und 14, dann ist 12 x 14 = 168, was eins weniger ist als $13^2 = 169$.

Wir verwenden nun wieder die Gleichung, die die Differenz zweier Quadrate beschreibt, tauschen aber das *b* gegen die Zahl 1 ein. Das führt uns zu:

$$a^2 - 1^2 = (a + 1)(a - 1)$$

Als Erstes fällt uns auf, dass $1^2 = 1 \times 1 = 1$, also setzen wir das schnell ein:

$$a^2 - 1 = (a + 1)(a - 1)$$

Nehmen wir jetzt an, *a* sei die mittlere unserer drei Zahlen. (a + 1) wäre dann die größte Zahl und (a – 1) die kleinste. Die Gleichung sagt uns nun, dass, wenn man die mittlere Zahl ins Quadrat erhebt, um a^2 zu bekommen, und danach 1 abzieht, das Ganze genau so groß ist, wie die größte und die kleinste Zahl miteinander multipliziert.

Als wir diesen Trick mit 12, 13 und 14 machten, war *a* = 13, aber natürlich kann *a* jede Zahl sein, die Sie sich aussuchen, weshalb die Sache mit beliebigen drei Zahlen funktioniert, die aufeinanderfolgen.

Wann immer Sie es mit einem Rätsel zu tun haben, bei dem es heißt: »Suchen Sie sich irgendeine Zahl aus«, können Sie es mit Hilfe der Algebra untersuchen.

Wie man das Universum in sich zusammenstürzen lässt

Erinnern Sie sich, dass ich Ihnen auf Seite 89 angekündigt habe, das sei möglich? Wenn Sie bis hierher gekommen sind, dann haben Sie hart gearbeitet und sich gut geschlagen, weshalb es nur allzu angemessen ist, Sie mit unbegrenzten kosmischen Kräften auszustatten …

Fangen Sie mit zwei beliebigen Zahlen an, *a* und *b*, die zufällig gleich sind: $a = b$

Wir werden die beiden Seiten dieser Gleichung nun die ganze Zeit genau gleich behandeln. Sehen Sie aufmerksam zu …

Wir multiplizieren beide Seiten mit *a*: $a^2 = ab$
Jetzt ziehen wir auf beiden Seiten b^2 ab: $a^2 - b^2 = ab - b^2$

Auf der linken Seite haben wir die Differenz zweier Quadrate, also wissen wir, dass $a^2 - b^2 = (a + b)(a - b)$. Auf der rechten Seite haben wir $ab - b^2$. Beide Elemente lassen sich durch *b* teilen, daher können wir das als $b(a - b)$ schreiben. Das ist alles völlig akzeptabel und korrekt.

Wir haben jetzt dies: $(a + b)(a - b) = b(a - b)$

Nun dividieren wir beide Seiten durch (a – b) und erhalten:
$(a + b) = b$

Es ist nichts da, womit die Klammer multipliziert wird, daher können wir sie weglassen: $a + b = b$

Jetzt ziehen wir das b nach rechts und ändern das Vorzeichen:
$a = b - b$

Und damit sind wir bei: $a = 0$

Sie erinnern sich: *a* und *b* konnten *jede beliebige* Zahl sein, und daher haben wir gerade bewiesen, dass jede Zahl gleich null ist. Das bedeutet, dass alle Maße von Zeit, Entfernung oder Gewicht gar nicht existieren – also adieu, Universum!

Der Fehler passierte, als wir beide Seiten durch $(a - b)$ dividierten. Wenn $a = b$, dann ist $(a - b) = 0$. Und das Einzige, was man mit Gleichungen nicht machen kann, ist, beide Seiten durch null teilen!

Außer natürlich, wenn Sie an einem freien Tag Lust dazu haben, das Universum zum Einsturz zu bringen …

Gleichungssysteme

Wenn Sie zwei unbekannte Zahlen haben (man spricht meist einfach von »Unbekannten«), können Sie sie beide ausrechnen, wenn Sie zwei verschiedene Gleichungen haben.

Hier kommt ein Rätsel-Klassiker: Ein Paar Schuhe und ein Schuhputztuch kosteten 51 €. Die Schuhe kosteten 50 € mehr als das Tuch. Wie teuer war das Tuch?

Fragen Sie das mal Malcolm. Wenn Sie Glück haben, sagt er, das Tuch hätte 1 € gekostet und die Schuhe 50 €. Das hieße aber, dass die Schuhe nur 49 € teurer waren als das Tuch, und somit läge er falsch.

Wenn Sie es durchdenken, kommen Sie vermutlich auf die Lösung, aber ich will Ihnen hier zeigen, wie man es mit ein bisschen flotter Algebra herausfindet. Wir nennen den Preis der Schuhe s und den des Tuchs t. Zum Glück reicht diese Information aus, damit wir die zwei Gleichungen bekommen, die wir brauchen:

Gleichung 1 – Schuhe und Tuch kosten 51 €, daher: $s + t = 51\ €$

Gleichung 2 – Die Schuhe kosten 50 € mehr als das Tuch, daher: $s = 50\ € + t$

Die gradlinigste Methode, so ein Gleichungssystem zu lösen, ist das »Einsetzungsverfahren«. Gleichung 2 sagt uns, dass $s = 50\ € + t$, daher schreiben wir jetzt Gleichung 1 erneut hin, ersetzen aber s durch $50\ € + t$.

Wir erhalten dann dies: $50\ € + t + t = 51\ €$

Wir ziehen die 50 € nach rechts und ändern das Vorzeichen, und außerdem addieren wir die beiden t: $2t = 51\ € - 50\ €$

Das ist jetzt leicht … $2t = 1\ €$

Und schließlich dividieren wir beide Seiten der Gleichung durch 2, um den Preis des Tuchs zu erhalten: $t = 50\ \text{Cent}$

Gleichung 2 sagt uns, dass s = 50 € + t, darum ist: $s = 50{,}50\ €$

Die Schuhe kosten also 50,50 € und das Tuch 0,50 €. Die Lösung mag verblüffen, aber sie ist richtig.

Denk dir eine Zahl

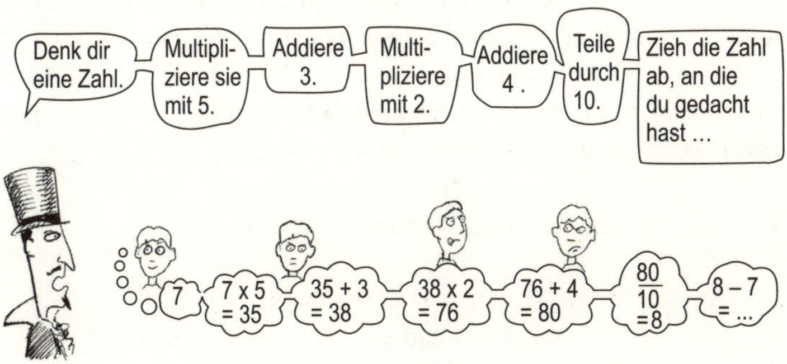

Dieser Trick funktioniert mit jeder Zahl und sogar mit einem Bruch. Mit Algebra können wir untersuchen, warum. Da wir nicht wissen, welche Zahl gewählt wird, nennen wir sie einfach *z* und verfolgen, was mit ihr passiert, wenn wir den Anweisungen folgen.

Der Trick	**Was passiert?**	**Zwischenergebnis**
Denk dir eine Zahl.	Wir nennen sie z.	z
Multipliziere mit 5.	Wir haben jetzt 5z	5z
Addiere 3.	5z + 3. So weit, so gut.	5z + 3
Multipliziere mit 2.	Wir müssen alles, was wir bisher haben, mit 2 multiplizieren, daher setzen wir es, um sicherzugehen, in eine Klammer.	2(5z + 3) = 10z + 6
Addiere 4.	Das ist leicht.	10z + 6 + 4 = 10z + 10
Dividiere durch 10.	Alles muss dividiert werden, daher verwenden wir wieder eine Klammer.	(10z + 10) ÷ 10 = z + 1
Zieh die Zahl ab, an die du gedacht hast.	Wir setzen – z ans Ende.	z + 1 – z = 1
Das Ergebnis ist 1	z ist völlig verschwunden, und nur 1 ist übrig!	1

Es wird Zeit, die Algebra zu verlassen

Wenn Sie ein Schulbuch für Mathe aufschlagen, sehen Sie massenhaft *x* und *y* und Aufgaben, bei denen es nur darum geht, Dinge hin und her zu schieben und ein bisschen Verstand einzusetzen. Es gibt dicke Bücher, die voll davon sind, was man mit Algebra alles machen kann – wir können das hier unmöglich alles abhandeln. Hier kommt daher eine letzte Aufgabe, die sich sehr hübsch mit Algebra lösen lässt:

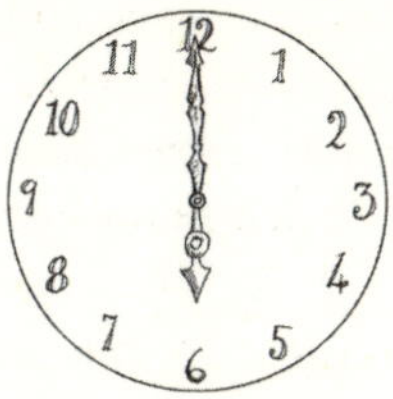

Auf der alten Wanduhr ist es genau sechs. Wie spät wird es sein, wenn der Minutenzeiger beim nächsten Mal den Stundenzeiger überquert?

Das Problem liegt natürlich darin, dass der Stundenzeiger sich die ganze Zeit langsam weiterbewegt; wie können wir das einbeziehen?

Sagen wir, *m* sei die Anzahl der vergangenen Minuten nach sechs Uhr zum Zeitpunkt, wenn der Minutenzeiger den Stundenzeiger überquert.

Der Minutenzeiger muss 30 Minuten zurücklegen, um zur 6 zu kommen, und dann muss er noch das kleine Extrastück weiterwandern, das der Stundenzeiger in *m* Minuten geschafft hat. Wir wollen uns das schön anschaulich machen:

Zurückgelegte Strecke des Minutenzeigers = 30 + zurückgelegte Strecke des Stundenzeigers

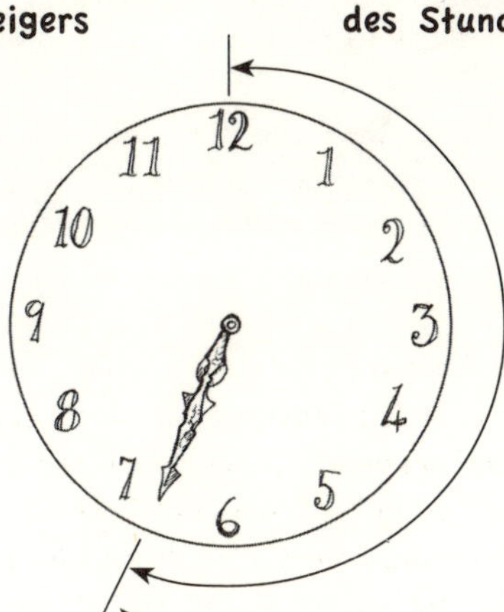

Vom Minutenzeiger in *m* Minuten zurückgelegt

Vom Stundenzeiger in *m* Minuten zurückgelegt

Wir wollen wissen, wie weit sich der Stundenzeiger in *m* Minuten bewegt.

Der Minutenzeiger braucht 1 Stunde, um einmal ganz um das Zifferblatt zu wandern. Der Stundenzeiger braucht dafür 12 Stunden, daher ist er nur $^1/_{12}$ Mal so schnell. Wenn deshalb der Minutenzeiger eine Strecke von *m* Minuten um die Uhr herum zurückgelegt hat, hat sich der Stundenzeiger $^m/_{12}$ weit bewegt.

Jetzt können wir eine Gleichung aufstellen: $m = 30 + \frac{m}{12}$

Die 12 im Nenner des Bruchs stört, aber keine Sorge. Wir multiplizieren einfach alles auf beiden Seiten der Gleichung mit 12: $12m = 360 + m$

Jetzt holen wir das + m rüber und ändern das Vorzeichen: $12m - m = 360$

Wir ziehen 1m von 12m ab … $11m = 360$

… und dividieren beide Seiten durch 11: $m = 32{,}727$

Die Lösung lautet also, dass sich die Zeiger 32,727 Minuten nach sechs Uhr begegnen. Allerdings sieht 0,727 einer Minute ziemlich hässlich aus. Da eine Minute 60 Sekunden hat, beträgt die Anzahl der Sekunden 0,727 x 60, was etwa so viel ist wie 44 Sekunden. Jetzt haben wir ein sinnvolles Ergebnis: Die Zeiger kreuzen sich um 6:32:44 Uhr.

GESCHWINDIGKEIT

Jeder von uns muss irgendwann mal eine Fahrt planen. Vielleicht fragen Sie sich, wie lange die Fahrt zur Arbeit dauern würde, oder – falls Sie zu früh angekommen sind – ob Sie geblitzt wurden …

Geschwindigkeit berechnen

Bei Fahrten spielen drei Faktoren eine Rolle: Strecke, Geschwindigkeit und die Zeit, die man braucht. Und so hängen sie alle zusammen:

$$\text{Strecke} = \text{Geschwindigkeit} \times \text{Zeit} \quad \text{oder} \quad s = gz$$

Diese Gleichung führt zu zwei weiteren:

Wenn man beide Seiten durch z dividiert, erhält man: $g = \frac{s}{z}$

Wenn man beide Seiten durch g dividiert, erhält man: $z = \frac{s}{g}$

Hier eine Situation, in der diese zwei Formeln nützlich sind:

Die Fähre legt in 3 Stunden ab, und die Urlauber müssen noch 150 Kilometer fahren. Mit welcher Geschwindigkeit kommen sie noch rechtzeitig im Hafen an?

Wenn man zwei Dinge weiß, kann man das dritte immer ausrechnen, also schauen wir mal, wie schnell der Wagen fahren muss. Wir wissen, $s = 150$ Kilometer und $z = 3$ Stunden, also setzen wir das jetzt in $g = s/z$ ein, was $g = 150/3 = 50$ km/h ergibt. Die Geschwindigkeit wird in Kilometern pro Stunde angegeben, weil wir die Anzahl der Kilometer durch die Anzahl der Stunden geteilt haben.

Vergewissern Sie sich, dass Sie bei Geschwindigkeitsberechnungen dieselben Einheiten verwenden!

Wie man zu den richtigen Einheiten kommt

Sie haben noch zehn Minuten, um zur Entbindungsstation zu kommen, und er trampelt mit einer Geschwindigkeit von 20 km/h. Werden sie es schaffen? Wir wollen herausfinden, wie lange es dauert, 3 Kilometer mit 20 km/h zurückzulegen. Wir verwenden dafür die $z = s/g$-Gleichung: $z = s/g = 3/20$.

Da die Geschwindigkeit in Kilometern pro Stunde angegeben wird, erhalten wir die Zeit als $3/20$ Stunden. Wir wollen sie aber in Minuten wissen. Da in einer Stunde 60 Minuten stecken, beträgt die Zeit in Minuten $3/20 \times 60 = 9$ Minuten. Bei ihrer Ankunft haben sie nur noch eine Minute übrig, also hoffen wir, dass an der Aufnahme keine Schlange ist.

Verschiedene Geschwindigkeiten kombinieren

Angenommen, Sie haben 8 Stunden Zeit, um 400 Kilometer zu fahren. Wenn Sie die ganze Strecke mit derselben Geschwindigkeit fahren, können Sie $g = s/z$ verwenden, um festzustellen, dass Ihre Geschwindigkeit $400 \div 8 = 50$ km/h betragen sollte.

Aber angenommen, Sie wären die ersten 200 Kilometer mit 40 km/h gefahren. Wie schnell müssen Sie dann auf den letzten 200 Kilometern fahren, um insgesamt 8 Stunden zu brauchen? Die naheliegende Antwort scheint 60 km/h zu lauten, aber das ist falsch!

Zuerst müssen Sie ausrechnen, wie viel Zeit Sie noch übrig haben. Bis dahin sind Sie 200 Kilometer mit 40 km/h gefahren, also verwenden Sie $z = s/g$, um herauszufinden, wie lange Sie schon unterwegs waren: $200 \div 40 = 5$ Stunden.

Sie haben nur noch 3 Stunden übrig, um 200 Kilometer zu fahren, daher muss Ihre Geschwindigkeit $200 \div 3 = 66{,}7$ km/h betragen.

PROZENT-RECHNUNG

Prozente tauchen überall auf, in Geschäften und Banken, auf Gehaltsstreifen und bei Wahlergebnissen. Die einfachsten Prozentwerte wie 50%, 33% oder 25% werden häufig verwendet, um Sonderangebote von Geschäften zu kennzeichnen, doch man stößt auf kompliziertere Prozentwerte, wenn man die Steuererklärung macht oder eine Kreditkarte benutzt. Es lohnt sich, sich mit Prozenten auszukennen, und wie bei allem anderen in der Mathematik geht es bei ihnen ganz einfach los. Ein Prozent schreibt man 1%, und es bedeutet genau dasselbe wie $\frac{1}{100}$ oder 0,01. Einhundert Prozent oder 100% entspricht $\frac{100}{100}$, was dasselbe ist wie 1.

Prozente aus Brüchen und Dezimalbrüchen

Wenn Sie einen gemeinen Bruch in eine Prozentzahl umwandeln wollen, teilen Sie den Zähler durch den Nenner und multiplizieren mit 100. So rechnet man zum Beispiel $\frac{2}{5}$ in Prozente um:

$$\frac{2}{5} = \frac{2 \times 100}{5} = \frac{200}{5} = 40\%$$

Sie können das auch zurückverwandeln, indem Sie durch 100 dividieren. So finden Sie heraus, wie 40% als Bruch aussehen:

$$40\% = \frac{40}{100} = \frac{4\cancel{0}}{10\cancel{0}} = \frac{\cancel{4}^{2}}{\cancel{10}_{5}} = \frac{2}{5}$$

Zähler und Nenner lassen sich durch 10 teilen

Zähler und Nenner lassen sich durch 2 teilen

Prozente und Dezimalbrüche sind eng miteinander verknüpft, weil die ersten zwei Ziffern nach dem Dezimalkomma eine Prozentzahl sind, also zum Beispiel 0,85 = 85%. Folgt nach dem Komma eine Null, ignorieren Sie sie keinesfalls! 0,03 = 03% oder einfach 3%. Hat der Dezimalbruch viele Zahlen hinter dem Komma, schieben Sie das Komma einfach zwei Stellen nach rechts. Angenommen, Sie wollten wissen, was 1/16 als Dezimalbruch ist, dann geben Sie 1 ÷ 16 in Ihren Taschenrechner ein und erhalten 0,0625, was 6,25% entspricht.

Steigungen

Wenn Sie mit dem Rad einen Hügel hinauffahren wollen, teilt Ihnen am Fuß des Hügels ein Verkehrsschild die Steilheit des Anstiegs durch eine Prozentzahl mit. Je steiler die Straße, umso größer die Prozentzahl. So wird das ausgerechnet:

$$\text{Steigung in \%} = \frac{\text{vertikale Strecke}}{\text{horizontale Strecke}} \times 100$$

Die vertikale Strecke, die Sie nach oben fahren, wird durch die horizontale Strecke dividiert, die Sie nach vorne fahren. Wenn Sie für je 4 Meter, die Sie zurücklegen, 1 Meter an Höhe gewinnen, hätte man das früher einen Gradienten (Anstieg) von 1 auf 4 genannt. Heute wird dieser Gradient zu einem Bruch gemacht (1/4) und dann in eine Prozentzahl verwandelt. Daher wird ein Gradient von 1 auf 4 auf einem Verkehrsschild als 25% dargestellt. Das sieht vielleicht nicht nach viel aus, aber wenn Sie nicht topfit sind, müssen Sie absteigen und schieben.

Wenn aus Brüchen Prozente gemacht werden, lassen sich die meisten nicht exakt, das heißt glatt, umwandeln (genau wie bei der Umwandlung von Brüchen in Dezimalbrüche). Hier folgen die gängigsten Prozentzahlen und die Brüche, die sie darstellen, wobei diejenigen mit einem Sternchen gekennzeichnet sind, die abgerundet wurden:

$50\% = \frac{1}{2}$ $25\% = \frac{1}{4}$ $75\% = \frac{3}{4}$

$33\%^* = \frac{1}{3}$ $67\%^* = \frac{2}{3}$

$10\% = \frac{1}{10}$ $20\% = 1-5$ $40\% = 2-5$ $60\% = 3-5$

$17\%^* = \frac{1}{6}$ $12{\cdot}5\% = \frac{1}{8}$

Geld und Prozente

Die meisten Währungen fügen sich sehr schön in das System von Dezimalbrüchen und Prozenten ein. In der Eurozone besteht 1 Euro aus 100 Cent, in Großbritannien ergeben 100 Pennys 1 Pfund und in den USA stecken 100 Cent in 1 Dollar. Das erleichtert das Rechnen.

Wenn Sie 29 € haben und diese Summe zwischen zwei Leuten aufteilen, bekommt jede Person 14 ½ €. Natürlich ist ½ = 0,5 , weshalb man auch 14,5 € sagen könnte. Weil das immer noch ein bisschen komisch aussieht, runden wir auf zwei Dezimalstellen auf. Somit erhält jede Person 14,50 € oder 14 € plus 50 Cent.

Da 100% = 1 und 100 Cent = 1 €, ist 1% von £ 1 genau 1p. Wenn ein Kaffee und ein Stück Kuchen bei Barstucks 7 € plus 15% Bedienung kosten, ist das nicht allzu schwer auszurechnen: 15% von 1 € sind 15 Cent. 15% von 7 € sind deshalb 15 Cent x 7 = 105 Cent. Sie zahlen also schließlich 7 € plus 1,05 € = 8,05 €. Und versuchen Sie nicht, die Bedienung mit 8 € abzuspeisen, sonst wissen Sie beim nächsten Besuch nicht, was man Ihnen auf die Sahne streut.

Schnäppchen erkennen

Wenn Sie erst einmal den Bogen raushaben, wie man Brüche und Prozentzahlen vergleicht, können Sie Geld sparen. Nehmen wir an,

Sie wollen einen ganzen Schwung Batterien kaufen und stellen fest, dass drei Geschäfte Sonderangebote haben:

Batterien kosten normalerweise in jedem dieser Läden 50 Cent; welches Angebot ist also am günstigsten? Die Lösung des Rätsels besteht darin, den Preis für *eine* Batterie in jedem Geschäft herauszufinden.

30% billiger:

Wenn das Geschäft 30% Rabatt gibt, beträgt der Preis 70% des Normalpreises. 50 Cent x 70% = 50 x 0,7 = 35 Cent. (Für diese Rechnung gibt es eine kleine Abkürzung. Wenn Sie 50 x 0,7 haben, stellen Sie sich das als 5 x 10 x 0,7 vor. Sie können dann 10 x 0,7 = 7 rechnen und haben nur noch 5 x 7 = 35.)

2 bezahlen, 1 gratis:

Hier werden 3 Batterien zum Preis von 2 angeboten. Der Standardpreis von zweien beträgt 2 x 50 Cent = 1 €, aber da Sie für diesen Preis 3 Batterien bekommen, kostet jede Batterie 1 € ÷ 3, was rund 33 Cent ergibt.

Wenn Sie EINE bezahlen, bekommen Sie die ZWEITE zum HALBEN PREIS:

Die erste Batterie kostet 50 Cent und die zweite kostet ½ x 50 Cent, was 25 Cent sind. Daher ist der Preis für zwei 75 Cent. Und das heißt, der Preis für jede einzelne Batterie ist 75 Cent ÷ 2 = 37,5 Cent.

Die billigste Batterie kostet rund 33 Cent, daher war das Angebot »2 bezahlen, 1 umsonst« am günstigsten. Doch dann kommen Sie an einem anderen Geschäft vorbei, das im Allgemeinen Batterien zum höheren Preis von 65 Cent verkauft, aber heute hängt dort ein Schild mit EKEU im Fenster: eine kaufen, eine umsonst. Was kostet hier eine Batterie?

Zwei Batterien kosten 65 Cent, also kostet eine 65 Cent ÷ 2 = 32,5 Cent. Das ist das beste Schnäppchen.

Sie müssen allerdings auf eines achten: Angenommen, Sie wollten keine Batterien kaufen, sondern die Tageszeitung. Da Sie nur ein Exemplar wollen, ist es sinnlos, zwei für 65 Cent zu kaufen, wenn Sie im 30%-billiger-Laden eine für 35 Cent bekommen. Es ist faszinierend, wie manche Leute dem günstigsten Angebot nicht widerstehen können, selbst wenn sie es gar nicht wollen!

Abkürzungen für Prozente

50%: Teilen Sie durch 2

25%: Rechnen Sie 50% aus, teilen Sie dann durch 2

10%: Teilen Sie durch 10

5%: Rechnen Sie 10% aus, teilen Sie dann durch 2

2 ½%: Rechnen Sie 5% aus, teilen Sie dann durch 2

1%: Teilen Sie durch 100

Wenn Sie sich einmal an diese Abkürzungen gewöhnt haben, können Sie sie kombinieren und schnell jede Menge verschiedene Prozentwerte herausfinden.

15% von 25 €:	10% von 25 € = 2,50 €, daher sind 5% = 1,25 €. Addieren Sie diese und Sie erhalten 15% = 3,75 €.
35% von 70 €:	50% von 70 € = 35 €, daher sind 25% = 17,50 €. 10% von 70 € = 7 €, daher sind 35% = 17,50 € + 7 € = 24,50 €.
17 ½ % von 150 €:	10% von 150 € = 15 €, daher sind 5% = 7,50 € und 2 ½% = 3,75 €. Addieren Sie diese drei, und Sie erhalten 17 ½% = 26,25 €.

Die drei häufigsten Aufgaben beim Prozentrechnen

Auch wenn es bequem ist, Prozentaufgaben mit dem Taschenrechner zu lösen, ist es sinnvoll, eine generelle Vorstellung vom Ergebnis zu haben und nicht einfach nur der Anzeige zu vertrauen. Streiten Sie sich nicht mit Kellnern oder Verkäuferinnen, ehe Sie nicht sicher sind, auf die richtigen Tasten gedrückt zu haben!

Wenn Sie bei einem Taschenrechner die %-Taste drücken, sollten Sie besonders vorsichtig sein. Die =-Taste müssen Sie im Allgemeinen anschließend nicht mehr drücken. Im Folgenden stehen die Anweisungen für den Taschenrechner in < >, damit Sie wissen, wo sie anfangen und aufhören.

❶ Von

Was sind 9% von 200 €?

Denken Sie daran, »von« bedeutet multiplizieren, daher lautet die Aufgabe 200 € x 0,09 = 18 €. Sie können sich das so veranschaulichen: 9% von 100 € sind 9 €. Entsprechend sind 9% von 200 € dann 2 x 9 € = 18 €.

Auf einem Taschenrechner könnten Sie es mit <200 x 0,09 => oder <200 x 9%> versuchen.

❷ Plus

Was ist 60 € plus 12 ½% ?

So etwas finden Sie eventuell auf einer Restaurant-Rechnung. Der Preis für Essen und Trinken beträgt 60 €, aber es werden noch Prozente für den Service aufgeschlagen. Um die Gesamtsumme zu bekommen, rechnen Sie 12 ½% von 60 € aus und addieren das Ergebnis zu den 60 €. Sie können das so machen: 60 x 0,125 = 7,50 € und 60 € + 7,50 € = 67,50 €.

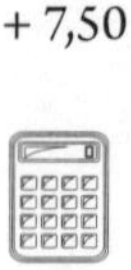

Ihr Taschenrechner sollte das in einem Durchgang erledigen können, wenn Sie diese Tasten drücken: <60 + 12,5%>

Es gibt noch eine etwas pfiffigere Methode, um diese Aufgabe zu lösen. Die Rechnung ohne den Service-Aufschlag beträgt 60 € x 100%, was einfach 60 € ist. Mit dem Aufschlag beträgt die Rechnung 60 € x (100% + 12,5%). Das ergibt 60 € x 112,5% oder, wenn Sie das vorziehen, 60 € x 1,125 = 67,50 €.

❸ Minus

Was sind 160 € minus 20%?

Wenn man Ihnen ein Sonderangebot oder einen Rabatt anbietet, müssen Sie eine solche Aufgabe ausrechnen, um den Endpreis herauszufinden. Dieselbe Aufgabe ergäbe sich, wenn Sie 160 € verdient hätten und 20% Steuern zahlen müssten.

Sie können entweder 160 € x 20% ausrechnen und das Ergebnis von 160 € subtrahieren. Die Rechengänge dabei sind 160 € x 0,2 = 32 € und danach 160 € – 32 € = 128 €.

<160 – 20% >

Die andere Methode für diese Aufgabe beruht auf dem Gedanken, nicht 100% des Preises zu bezahlen, sondern 100% – 20% = 80%. Der Endpreis ist dann 160 € x 80% = 128 €.

Fehler beim Prozentrechnen

Bei der Prozentrechnung kann man leicht in Fallen tappen. Hier folgen zwei, auf die Sie vielleicht gelegentlich stoßen werden:

Dazuzählen und Abziehen

Der Ladenbesitzer wollte offenbar, dass der Preis wieder auf 20 € zurückgeht. Was ist schiefgegangen?

Wenn man mit einem Preis anfängt und mehr als eine Berechnung mit ihm anstellt, sollte man im Kopf behalten, *dass der ursprüngliche Preis immer 100% darstellt.* Alle Prozentrechnungen müssen auf diesem Preis basieren.

Als die Verkäuferin 40% hinzufügte, betrug der neue Preis 140% vom ursprünglichen Preis (20 € x 140% = 28 €).

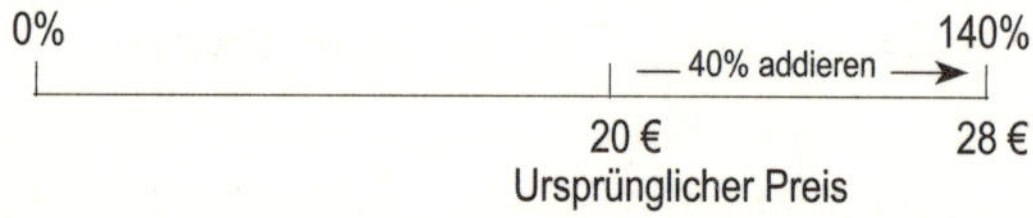

Als sie 40% wieder abzog, hätte sie 40% des ursprünglichen Preises ausrechnen und das Ergebnis abziehen müssen. Dadurch hätte der Preis wieder 100% betragen. Ihr Fehler war, dass sie den neuen Preis als 100% behandelte und von ihm 40% abzog.

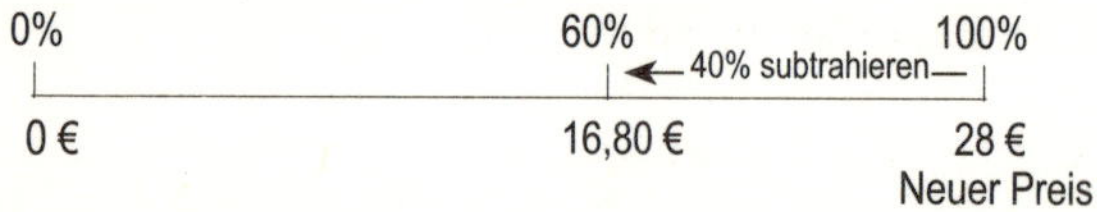

Eine aufgeschlagene Steuer abziehen

Wir sahen schon, wie man zu einer Rechnung Prozente addiert, etwa den Service-Aufschlag in einem Restaurant, und wir haben auch erfahren, wie man Prozente von einem Verkaufspreis oder Steuern von einem Verdienst abzieht (siehe die »Plus«- und »Minus«-Abschnitte auf der vorangegangenen Seite). Doch angenommen, Sie hätten gerade Ihren neuen Laptop bezahlt, und er hätte einschließlich der 19% der Mehrwertsteuer 297,50 € gekostet. Wie hoch wäre der Preis ohne die Steuer gewesen?

Fast jeder macht den Fehler, 19% von 297,50 € auszurechnen und abzuziehen. Damit kämen Sie auf € 240,97, und das ist falsch! Es ist derselbe Fehler, den die Schuhverkäuferin machte, als sie 40% von 28 € subtrahierte.

Der Knackpunkt ist der, dass man daran denkt, dass 297,50 € die Endsumme sei, die man erhält, wenn man mit dem Preis des Laptops ohne Steuer anfängt und diesen dann mit 1,19 multipliziert. So würde man die Aufgabe hinschreiben:

$$\begin{pmatrix}\text{Preis des Laptops}\\ \text{ohne Steuer}\end{pmatrix} \times 1{,}19 = \begin{pmatrix}\text{Preis des Laptops}\\ \text{mit Steuer}\end{pmatrix}$$

Wenn man mit der Endsumme anfängt und zurückrechnet, um den Preis ohne Steuer herauszufinden, dann *dividiert* man die Endsumme durch 1,19:

$$\begin{pmatrix}\text{Preis des Laptops}\\ \text{ohne Steuer}\end{pmatrix} = \begin{pmatrix}\text{Preis des Laptops}\\ \text{mit Steuer}\end{pmatrix} \div 1{,}19$$

Jetzt setzen wir die Zahlen ein:

$$297{,}5\ € \div 1{,}19 = 250\ €$$

Somit hat der Laptop 250 € gekostet, bevor die Steuer aufgeschlagen wurde. Wenn es Ihnen gelingt, die Steuer erstattet zu bekommen, stehen Ihnen 47,50 € ins Haus.

ZINSEN

Jeder weiß: Wenn man Geld ausgibt, wird man ärmer, doch wenn man es schafft zu sparen, wird man reicher ... vor allem, wenn man versteht, wie das mit den Zinsen geht.

Wenn Sie Geld auf ein Sparkonto legen, verfügen Sie über ein *Guthaben*. Es sollte Ihnen ein bisschen zusätzliches Geld einbringen, denn Sie verlangen *Zinsen*, und diese werden mit einem Prozentwert berechnet, der *Zinssatz* heißt. Es gibt zwei Arten von Zinsen: (einfache) Zinsen und Zinseszinsen.

Einfache Zinsen

Sagen wir, Sie zahlen 700 € auf ein Konto ein, für das Ihnen ein Zinssatz von 6% p. a. angeboten wurde (p. a. steht für *per annum* = pro Jahr). Das heißt, dass die Bank jedes Jahr ausrechnet, wie viel 6% Ihrer Ersparnisse sind, und diesen Betrag zu Ihrem Guthaben addiert. Wenn Sie also 700 € zu 6% p. a. haben, betragen die Zinsen, die Sie nach einem Jahr bekommen: 700 € x 6% = 700 € x 0,06 = 42 €. Am Ende des Jahres sollte sich Ihr Guthaben auf 742 € belaufen.

Wenn Sie es hinkriegen, das Geld ein paar Jahre auf dem Konto zu lassen, wie viele Zinsen bekommen Sie dann? Sie können dafür die Formel für einfache Zinsen benutzen:

Einfache Zinsen = g x z x j
g = Guthaben
z = Zinssatz (als Dezimalzahl)
j = Die Anzahl der Jahre

Wenn Sie die 700 € zum Beispiel auf 3 Jahre lang für 6% fest auf der Bank lassen, wären die Zinsen, die Sie bekämen 700 € x 0,06 x 3 = 126 €. (Denken Sie daran, die 6% in 0,06 umzuwandeln!) Das ergibt zusammen mit Ihren 700 € Ersparnisse von 826 €.

Zinseszinsen (oder: Wie man mehr Geld macht)

Angenommen, Sie hätten Ihre 700 € ein Jahr lang für 6% auf der Bank gelassen und dann alles abgehoben. Sie hätten dann, wie wir sahen, 742 €. Angenommen, Sie würden dann das ganze Geld sofort wieder für ein weiteres Jahr einzahlen. Diesmal betrügen die Zinsen 6% von 742 €, nämlich 742 € x 0,06 = 44,52 €. Das ist etwas mehr, als Sie im ersten Jahr bekamen, und Ihr Gesamtguthaben betrüge nach dem zweiten Jahr 786, 52 €. Wenn Sie auch diese Summe abhöben und sofort wieder einzahlten, wären Ihre Zinsen im dritten Jahr noch höher: 786, 52 € x 0,06 = 47, 19 €.

Nach drei Jahren hätten Sie ein Guthaben von 833,71 €. Durch das Abheben und Wieder-Einzahlen hätten Sie zusätzliche 7,71 € bekommen. Das rührt daher, weil Sie Zinsen für Ihr Guthaben bekommen haben und zusätzlich Zinsen für die Zinsen! Man nennt das Zinseszinsen.

Das Gute dabei ist, dass Ihre Bank nicht möchte, dass Sie einmal pro Jahr hereinstürmen, Ihr ganzes Geld abheben und alles wieder einzahlen, deshalb berechnet sie die Zinseszinsen vorsorglich für Sie. Wenn die Banker Ihrem Guthaben einmal im Jahr die Zinsen hinzuzählen, verwenden sie folgende Formel:

$$\text{Zinseszins (einmal im Jahr)} = [(1 + z)^j - 1] \times g$$

Überprüfen wir das für unsere 700 € zu 6% für 3 Jahre. Wir ersetzen *z* durch 0,06, *j* durch 3 und *g* durch 700:

$$[(1 + 0{,}06)^3 - 1] \times 700$$

Es ist unbedingt notwendig, die Einzelteile in der richtigen Reihenfolge auszurechnen (siehe Seite 50). Wir bearbeiten erst die Klammern, angefangen mit der am tiefsten vergrabenen, danach kommen die Potenzen, dann multiplizieren und dividieren wir, am Schluss wird addiert und subtrahiert:

$[(1 + 0{,}06)^3 - 1] \times 700$

Die innere Klammer lautet (1 + 0,06), was (1,06) entspricht.

$= [(1{,}06)^3 - 1] \times 700$

Dann sehen wir, dass diese Klammer mit einer Dreierpotenz versehen ist, also müssen wir $(1{,}06)^3$ ausrechnen, was so viel heißt wie 1,06 x 1,06 x 1,06. Kein falscher Stolz – greifen Sie ruhig zum Taschenrechner.

Potenzen auf dem Taschenrechner

Wenn Sie so etwas wie $(1{,}06)^3$ haben, können Sie einfach <1,06 x 1,06 x 1,06 => drücken und bekommen das Ergebnis 1,191016. Wenn Sie einen besonders edlen Taschenrechner Ihr Eigen nennen, hat er vielleicht eine Potenztaste, die mit x^y oder x^y oder sogar y^x gekennzeichnet ist. Sie rechnen $(1{,}06)^3$ aus, indem Sie <1,06 x^y 3 => drücken und dann (hoffentlich) dasselbe Ergebnis bekommen: 1,191016.

$[1{,}191016 - 1] \times 700$

Nachdem wir die Potenz ausgerechnet haben, können wir die innere Klammer weglassen. Das lässt in der äußeren Klammer eine simple Aufgabe übrig: 1,191016 – 1 = 0,191016.

$= 0{,}191016 \times 700$

Gleich haben wir's …

$= 133{,}71$

Das besagt, dass unsere Zinsen sich auf 133,71 € belaufen.

Unsere ursprüngliche Einzahlung betrug 700 €, somit haben wir nach 3 Jahren 700 € + 133,71 € = 833,71 €. Das ist dasselbe Ergebnis, zu dem wir vorhin schon gekommen waren, also funktioniert die Formel!

Die Banken verwenden sogar weit kompliziertere Formeln, die Ihre Zinsen für jeden Monat oder sogar für jeden Tag berechnen, und das bringt Ihnen wiederum ein kleines bisschen Geld mehr ... Ist es nicht nett, dass sie sich so viel Mühe machen?

Kreditzinsen (oder: Wie man Geld verliert)

Wenn Sie sich Geld leihen oder etwas mit einer Kreditkarte bezahlen, zahlen *Sie* Zinsen *an die Bank*! Je mehr Sie sich leihen, desto mehr Zinsen zahlen Sie.

Es gibt Tausende unterschiedlicher Kreditgeschäfte und Zinssätze, je nachdem, was Sie verdienen, wie viel Sie sich leihen wollen, wofür Sie das Geld brauchen, wie schnell Sie es zurückzahlen können, ob die Banker Ihr Hemd mögen und so weiter. Bob Hope fasste das höchst treffend zusammen: »Eine Bank ist etwas, das Ihnen Geld leiht, sofern Sie beweisen können, dass Sie es nicht brauchen.«

In diesem Abschnitt nehme ich einfach mal an, Sie hätten sich bei »Kredit Hai« 5.000 € zu dem aberwitzigen Zinssatz von 10% pro Monat geliehen. Um Ihre Schulden wieder loszuwerden, müssen Sie sowohl die Zinsen als auch die ursprünglichen 5.000 € zurückzahlen.

Explodierende Zinsen ... und Rückzahlungen

Sie denken sich vielleicht, dass die Zinsen für ein Jahr 10% x 12 = 120% betragen. Sie addieren das zu den 100% des geliehenen Betrags, und glauben, dass Sie »Kredit Hai« (sofern Sie nichts zurückzahlen) am Ende des Jahres 220% schulden. Leider falsch gedacht.

Die Zinsen für Kredite (oder Darlehen) beinhalten *immer* Zinseszinsen. Nach dem ersten Monat schulden Sie 110%, nach dem zweiten Monat schulden Sie 110% x 110%, nach dem dritten Monat 110% x 110% x 110% und so weiter. Sie erinnern sich: 110% ist dasselbe wie 1,1. Wie viel Zinsen schulden Sie also am Ende des Jahres? Es sind $1{,}1^{12} = 3{,}14$ oder 314%. Die Zinsen für Zinsen steigen wirklich mächtig an.

Wenn Sie von den geliehenen 5.000 € nichts zurückzahlen, schulden Sie nach 12 Monaten: 5.000 € x 3,14 = 15.700 €. Um zu vermeiden, dass diese Zahl so groß wird, müssen Sie regelmäßig etwas abzahlen.

Die geringste sinnvolle Rückzahlung besteht (sofern »Kredit Hai« Sie lässt) *nur* in den *Zinsen*. Jeden Monat sieht man in der Firma nach, was Sie schulden, berechnet die Zinsen, und die zahlen Sie dann. 10% von 5.000 € = 500 €, doch wenn Sie jeden Monat 500 € abzahlen, wird die geliehene Summe nicht geringer. Die 5.000 € bleiben als Schuld bis in alle Ewigkeit bestehen, und genauso lange zahlen Sie Zinsen.

Wenn Sie etwas mehr zurückzahlen als nur die Zinsen (sagen wir 600 €), dann schrumpfen die 5.000 € allmählich. Anfangs nur ganz langsam, aber mit der Zeit nimmt das Tempo zu, und schließlich haben Sie die Schuld getilgt. Die folgenden Zahlen sind auf einen Euro abgerundet:

Monat	Schuld am Monats-anfang	10% Zinsen	Zinsen addiert	Rück-zahlung	Schuld am Monatsende
Januar	5.000 €	500 €	5.500 €	600 €	4.900 €
Februar	4.900 €	490 €	5.390 €	600 €	4.790 €
März	4.790 €	479 €	5.269 €	600 €	4.669 €
April	4.669 €	467 €	5.136 €	600 €	4.536 €
Mai	4.536 €	454 €	4.990 €	600 €	4.390 €

Über drei Dinge muss man sich hier klar werden:

❶ Die Zinsen, die addiert werden, sind von Monat zu Monat geringer. Das heißt, dass Sie die ursprünglich geliehene Summe im Lauf der Zeit immer schneller abzahlen.

❷ In den fünf Monaten der Tabelle haben Sie insgesamt 3.000 € gezahlt, was 500 € mehr sind, als hätten Sie nur die Zinsen bezahlt. Doch Sie haben gleichzeitig Ihre Schuld auf 4.390 € reduziert, haben also 610 € der geliehenen Summe zurückgezahlt. Das bedeutet, die zusätzlichen 500 € hatten für Sie einen Wert von 610 €!

❸ Wenn wir die Tabelle weiterführten, würden Sie feststellen, dass Sie die Schuld mit 18 Monatsraten zu 600 € sowie einer einmaligen Zahlung von 484 € getilgt hätten. Die gesamte Rückzahlung betrüge: 600 € x 18 + 484 € = 11.284 €.

Wenn Sie sich jeden Monat noch weitere 100 € absparen können, verschwindet die Schuld viel schneller. Sie brauchen dann nur 13 Monatsraten zu je 700 € und eine Abschlusszahlung von 105 €, um die

Schulden komplett zu tilgen. Ihre Gesamtzahlung betrüge dann 700 € x 13 + 105 € = 9.205 €. Durch zusätzliche 100 € pro Monat hätten Sie über 2.000 € gespart!

Die Schuldenspirale

Die einzige wirkliche Gefahr, die es zu vermeiden gilt, ist eine unterlassene Ratenzahlung. Nicht genug damit, dass die Zinsen steigen – sondern die netten Leute von »Kredit Hai« werden Ihnen vermutlich eine Strafgebühr aufbrummen. Nehmen wir an, Sie zahlen monatlich das Minimum von 500 € zurück, verschlafen die erste Überweisung und bekommen eine Strafe von 200 € aufgehalst.

Jetzt ist es gar nicht mehr nett ...

Monat	Schuld am Monatsanfang	10% Zinsen	Zinsen addiert	Rückzahlung	Schuld am Monatsende
Januar	5.000 €	500 €	5.500 €	Verschlafen! Strafe 200 €	5.700 €
Februar	5.700 €	570 €	6.270 €	500 €	5.770 €
März	5.770 €	577 €	6.347 €	500 €	5.847 €
April	5.847 €	585 €	6.432 €	500 €	5.932 €
Mai	5.932 €	593 €	6.525 €	500 €	6.025 €

Nach 5 Monaten schulden Sie bereits 6.025 €, und somit hat eine einzige verpasste Einzahlung von 500 € bereits über 1.000 € zusätzliche Schulden angehäuft, und dieser Betrag wächst endlos weiter. Selbst wenn Sie danach nie wieder eine Zahlung verpassen, schulden Sie nach 12 Monaten 6.997 €, nach 2 Jahren 11.268 €, nach 3 Jahren 24.671 € und nach 4 Jahren sind es 66.738 €.

Hätte »Kredit Hai« Ihnen nicht die 200 €-Strafe auferlegt, beliefe sich Ihre Schuld nach 4 Jahren auf 49,10 €. Aber das Unternehmen verhängt diese Strafe natürlich auf jeden Fall, denn nach 4 Jahren haben ihm diese 200 € fast 17.000 € an zusätzlichen Zinsen eingetragen!

Wenn Sie von Leuten mit aberwitzigen Schulden hören, sind diese vermutlich aus ein paar versäumten Zahlungen, Strafen sowie noch höheren Zinssätzen entstanden, als ich sie hier in meinen Beispielen verwendet habe.

MASSEINHEITEN UND UMRECHNUNGEN

Bevor das metrische System vor über 200 Jahren in Frankreich entwickelt wurde, verwendeten die Menschen Hunderte von unterschiedlichen Maßen für Länge, Gewicht und Rauminhalt. Das metrische System schafft es ziemlich clever, beinahe alles mit nur drei Grundeinheiten zu messen, die alle sehr schön zusammenpassen.

Meter, Gramm und Liter

Ein Meter wurde ursprünglich als ein Zehnmillionstel ($1/10.000.000$) der Entfernung vom Äquator zum Nordpol definiert, und zwar auf einer Linie, die durch Paris führt. Damit wurde die Strecke vom Äquator zum Nordpol 10.000 km lang und die um den Äquator herum etwa 40.000 km lang. (In Wirklichkeit ist die Erde nicht vollkommen rund, und die Länge des Äquators beträgt 40.075 km.)

Länge

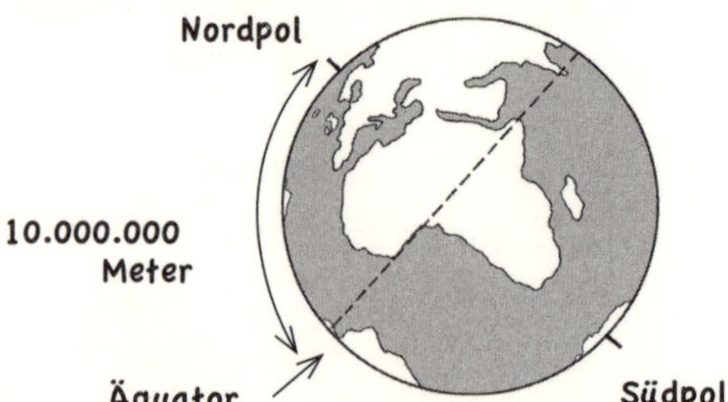

Ein Gramm ist das Gewicht eines Würfels aus Wasser, bei dem bei 4°C jede Kante 10 mm misst. (Der Grund, warum die Temperatur des Wassers 4°C betragen muss, besteht darin, dass Wasser dann seine höchste Dichte hat. Anders gesagt: Wäre das Wasser wärmer oder kälter, würde ein Wasserwürfel mit denselben Maßen ein bisschen weniger wiegen.)

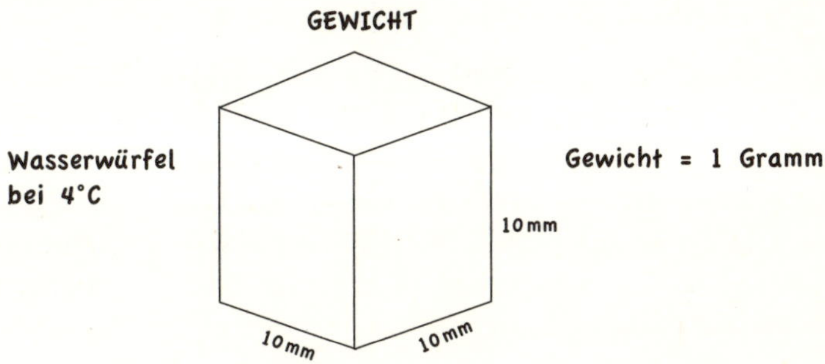

Ein Liter ist die Menge Flüssigkeit, die in einen Würfel passt, bei dem jede Kante 100 mm misst. Wenn diese Flüssigkeit Wasser von 4°C ist, wiegt der Würfel genau 1 Kilogramm. In einen Würfel, dessen Kanten jeweils 1 m lang sind, passen 1.000 Liter Wasser, die 1.000 kg wiegen, was wiederum 1 Tonne ist. Anders gesagt: Ein Kubikmeter Wasser wiegt 1 Tonne. Wenn nur alles im Leben so einfach wäre …

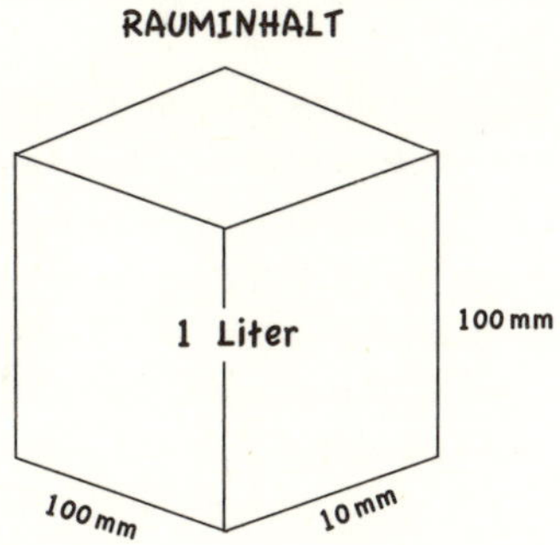

Auch wenn die Gewichte nur bei 4°C absolut genau sind, verändern sie sich doch nicht allzu sehr. Selbst wenn das Wasser beinahe kocht, wiegen 1.000 Liter etwa 0,96 Tonnen, was ziemlich dicht an der Tonne ist.

Kilo, Mega und Milli

Die Grundeinheiten Meter, Gramm und Liter können mit Tausendern multipliziert oder durch Tausender dividiert werden, um einen anderen Bereich von Maßeinheiten zu schaffen – vom ganz Kleinen zum unfassbar Großen. Dass 1 *Kilo*meter so viel ist wie 1000 Meter und 1 Meter aus 1000 *Milli*metern besteht, wissen Sie bestimmt. Nachfolgend eine Übersicht, was die anderen Präfixe (= vorangestellten Wortergänzungen) bedeuten:

Größere Maßeinheiten	Kleinere Maßeinheiten
deka (da) x 10 oder x 10^1	dezi (d) x 0,1 oder x 10^{-1}
hekto (h) x 100 oder x 10^2	zenti (c) x 0,01 oder x 10^{-2}
kilo (k) x 1000 oder x 10^3	milli (m) x 0,001 oder x 10^{-3}
mega (M) x 1.000.000 oder x 10^6	mikro (µ) x 0,000001 oder x 10^{-6}
giga (G) x 10^9	nano (n) x 10^{-9}
tera (T) x 10^{12}	piko (p) x 10^{-12}
peta (P) x 10^{15}	femto (f) x 10^{-15}

Denken Sie dran: Das kleine Minuszeichen in den Potenzzahlen bedeutet »dividieren«, das heißt $10^{-6} = 1/10^6$. Heutzutage werden Dekameter, Hektometer oder Dezimeter kaum noch verwendet, und selbst die Zentimeter setzen ein bisschen Staub an. Ein Handwerker, der eine Türöffnung ausmisst, wird kaum noch »75 Zentimeter« sagen sondern eher »750«, womit er Millimeter meint. Um Millimeter in Meter umzuwandeln, teilt man einfach durch 1.000, also sind 750 mm = 0,75 m.

Andere Maßeinheiten, die Ihnen vielleicht begegnen

- Tonne: entspricht 1.000 kg oder 1.000.000 g oder sogar 1 Mg. Eine metrische Tonne ist fast genauso schwer wie eine alte britische Tonne, doch eine amerikanische Tonne ist leichter – ungefähr 0,9 von einer metrischen.
- Hektar: entspricht einer Fläche von 10.000 m^2, was genauso viel ist wie ein Quadrat von 100 m x 100 m. Ein Hektar ist fast so viel wie zwei altmodische englische *acres*.
- Lichtjahr: Das wird Ihnen im Alltag wohl nicht begegnen, aber wenn Sie sich für Astronomie interessieren, wissen Sie, dass ein Lichtjahr diejenige Strecke ist, die das Licht in einem Jahr zurücklegt, nämlich 9.500.000.000.000 km. Der nächste Stern ist 4,2 Lichtjahre von unserer Sonne entfernt.

Eine Haaresbreite

Die Dicke eines menschlichen Haars beträgt ungefähr 100 µm, aber was heißt das? In einem Millimeter sind 1.000 µm, darum sind 100 µm genauso viel wie 0,1 mm. Das sagt uns, dass ein Haar einen Durchmesser von etwa einem zehntel Millimeter hat.

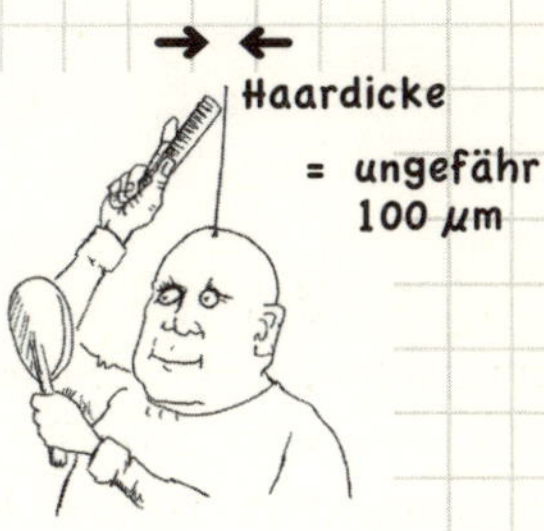

Umrechnungen

Umrechnungen von einer Einheit in eine andere kommen ständig vor, ob Sie kochen, Kleidung kaufen, Geld fürs Ausland wechseln oder amerikanische Spielfilme ansehen. Mit der nachstehenden Übersicht sollten Sie aber mit all diesen Zahlen zurechtkommen:

Umrechnung aus angelsächsischen Einheiten

Obwohl das metrische System fast überall verwendet wird, tauchen die angelsächsischen Maßeinheiten doch immer noch an so eigentümlichen Orten wie britischen oder amerikanischen Kochbüchern oder Do-it-yourself-Handbüchern auf. Das Folgende müssen Sie wissen, wenn Sie zwischen angelsächsischen und metrischen Einheiten umrechnen:

1 mile (engl. Meile) = 1,609 Kilometer
1 yard = 0,914 Meter
1 inch (Zoll) = 25,4 Millimeter
1 pound (engl. u. amerik. Pfund) = 454 Gramm
1 ounce (Unze) = 28,35 Gramm
1 fluid ounce (flüssige Unze) = 28,4 Milliliter
1 acre = 4.047 Quadratmeter oder etwa 0,4 Hektar
1 British gallon (Gallone) = 4,55 Liter*
1 British pint = 568 Milliliter*
1 US gallon (Gallone) = 3,78 Liter*
1 US quart (Quart) = 946 Milliliter*
1 US pint = 473 Milliliter*
1 US cup = 237 Milliliter*

(* Diese Zahlen beziehen sich nur auf Flüssigkeitsmaße.)

Hinweis: 4 US cups = 2 US pints = 1 US quart = 0,25 US gallons.

Für die meisten Umrechnungen muss man lediglich multiplizieren oder dividieren; entscheidend ist, dass man weiß, was davon getan werden muss. Nehmen wir an, Sie wollen 28 Kilometer in *miles* umrechnen. Wenn es nicht völlig exakt sein muss, können wir sagen, 1 *mile* = 1,6 km, aber rechnen wir jetzt 28 x 1,6 oder 28 ÷ 1,6? Sie müssen sich klarmachen, ob das Ergebnis größer oder kleiner sein muss. Wenn Sie die 1 *mile* mit den 1,6 km vergleichen, ist offensichtlich, dass 1 kleiner ist als 1,6. Also wissen Sie, dass die Anzahl der *miles* immer kleiner sein sollte als die der Kilometer.

Da 28 ÷ 1,6 zum kleineren Ergebnis führt, ist Dividieren das Richtige: 28 km = 17,5 *miles*.

Meter und Millimeter

Das müsste *so* einfach sein, aber man kann sich so leicht vertun! 1 m = 1.000 mm, also muss man entweder mit 1.000 multiplizieren oder durch 1.000 dividieren.
Was sind 0,04 Meter in Millimetern? Man erwartet natürlich mehr Millimeter, also multipliziert man: 0,04 x 1.000 = 40 mm.
Was sind 520 mm in Metern? Man erwartet weniger Meter, also dividiert man: 520 ÷ 1.000 = 0,52 Meter.

Währungen

Wechselkurse funktionieren genauso wie andere Umrechnungen. Da ich keine Ahnung habe, wo Sie gerade sind oder welche Währung Sie wechseln möchten, nehme ich einfach mal an, Sie seien ein Freibeuter des 17. Jahrhunderts und wollten 500 erbeutete spanische Dublonen in Grots – wie englische Silbermünzen genannt wurden – umtauschen.

Wenn 1 db = 3,76 gr, kann man mit einer größeren Zahl von Grots rechnen. Sie sollten 500 x 3,76 = 1.880 Grots bekommen.

Sie sollten allerdings daran denken, dass die Bank möglicherweise eine Gebühr für das Wechseln verlangen wird und Sie deshalb nicht so viel heraus bekommen, wie Sie erwarten. Tun Sie uns in dem Fall einen Gefallen und lassen Sie die Schuldigen über die Planke laufen. Klar soweit?

Das Geldwechsel-Paradoxon

Hier kommt keine Rechenaufgabe, sondern nur etwas zum Nachdenken. Das Land Prahlien hat eine Währung namens Plemper, während man im benachbarten Natschistan mit Nunzen bezahlt. In beiden Ländern denkt man, dass die eigene Währung mehr wert sei als die des Nachbarn. Prahlien verkündet, dass 5 Nunzen nur 4 Plemper wert seien, während es umgekehrt in Natschistan heißt, 5 Plemper seien nur 4 Nunzen wert. Hier kommt das Rezept zum Reichwerden:

Sie leihen sich 4p von einem Freund.	Sie gehen zu einer Bank in Prahlien und tauschen 4p gegen 5n.	Sie gehen zu einer Bank in Natschistan und tauschen 4n gegen 5p.	Sie zahlen Ihrem Freund 4p zurück und haben immer noch 1p und 1n!

Sie haben also Gewinn gemacht, aber wer ist der Verlierer?

Temperatur

Die einzige gebräuchliche Umrechnung, die etwas komplizierter ist, ist die von Temperatur. Die meisten Leute verwenden Celsius, aber es gibt auch noch Fahrenheit, und in der Wissenschaft verwendet man zumeist Kelvin.

	Farenheit	Celsius	Kelvin
Siedepunkt von Wasser	212° F	100° C	373° K
Gefrierpunkt von Wasser	32° F	0° C	273° K
Körpertemperatur	98° F	37° C	310° K
Absoluter Nullpunkt	-459,67° F	-271,15° C	0° K

So rechnet man °C und °F um:

$$°C = (°F - 32) \times \frac{5}{9}$$

Wenn man mit Fahrenheit-Graden anfängt, zieht man 32 ab, multipliziert mit 5, dividiert durch 9 und bekommt Celsius.

$$°F = (°C \times \frac{9}{5}) + 32$$

Wenn man mit Celsius-Graden anfängt, multipliziert man mit 9, dividiert durch 5, addiert 32 und bekommt Fahrenheit.

Der absolute Nullpunkt ist die niedrigstmögliche Temperatur, die in Celsius minus 273,15 Grad beträgt. Kelvingrade sind dasselbe wie Celsiusgrade, aber sie fangen beim absoluten Nullpunkt an. Deshalb gilt °K = °C + 273. (Die 0,15° C können wir außer Acht lassen.)

Man kommt leicht durcheinander, wenn man die kleinen Teilaufgaben in die richtige Reihenfolge bringen will. Wenn man überprüfen will, ob man noch weiß, wie man aus °C die entsprechenden °F macht, tut man das am einfachsten, indem man mit 100°C anfängt, und probiert, daraus 212°F zu machen. Mit ein bisschen Übung weiß man, dass man erst mit 9 multiplizieren muss (um 900 zu bekommen), dann durch 5 dividiert (um 180 zu bekommen) und schließlich 32 addiert (um bei 212 zu landen).

Seltsam, aber wahr: – 40°F = – 40°C.

GERADE, FLÄCHE UND RAUMINHALT

Wenn Sie einen Kuchen backen, ihn in Klarsichtfolie wickeln und dann ein Geschenkband drumbinden, hatten Sie es mit einer Geraden zu tun (der Länge des Bandes), mit einer Fläche (der Menge an Folie, die nötig ist) und mit einem Rauminhalt (der Gesamtmenge der Kuchenbestandteile). Angenommen, Sie teilen eine große Schüssel Kuchenteig in drei gleiche Teile auf und machen daraus drei unterschiedlich geformte Kuchen.

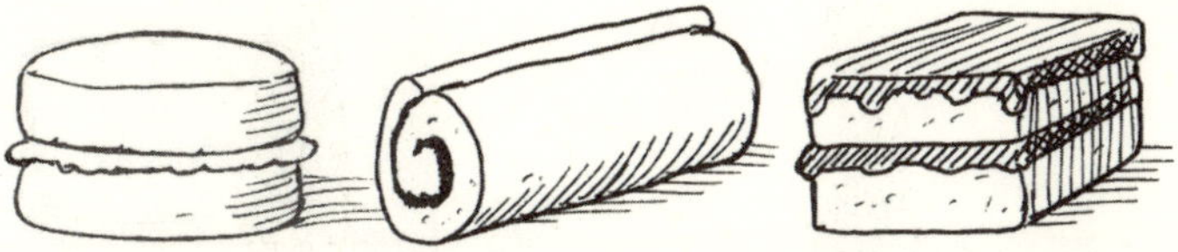

Obwohl deren drei Rauminhalte gleich groß sein werden, kann die Menge an Klarsichtfolie und Geschenkband, die Sie jeweils brauchen, durchaus unterschiedlich sein. Das kommt daher, weil Gerade, Fläche und Rauminhalt alle ihre speziellen Aufgaben erledigen müssen, und deshalb lohnt es sich zu wissen, wie sie funktionieren, egal ob Sie Kuchen backen oder etwas in Ihrer Wohnung verbessern wollen.

Gerade

Eine Gerade ist die Strecke zwischen zwei Punkten. Ganz egal, wie lang die Gerade ist, man braucht nur *eine* Messung für sie. Ein Stift ist vielleicht 130 mm lang, eine Laufdistanz 100 m und die Fahrt von Hamburg nach München etwa 775 km. Millimeter (mm), Meter (m) und Kilometer (km) sind allesamt Längenmaße.

Nehmen wir an, Sie wollen einen neuen Fernsehanschluss montieren und müssen dafür Kabel kaufen. Sie haben einen Grundriss Ihres Wohnzimmers mit in das Elektrogeschäft genommen.

Sie wollen das Kabel vom alten Anschluss bis zu dem geplanten neuen Anschluss verlegen. Sie haben einige der Wandlängen ausgemessen, aber nicht die Wände *a* und *b*. Wie viel Kabel brauchen Sie?

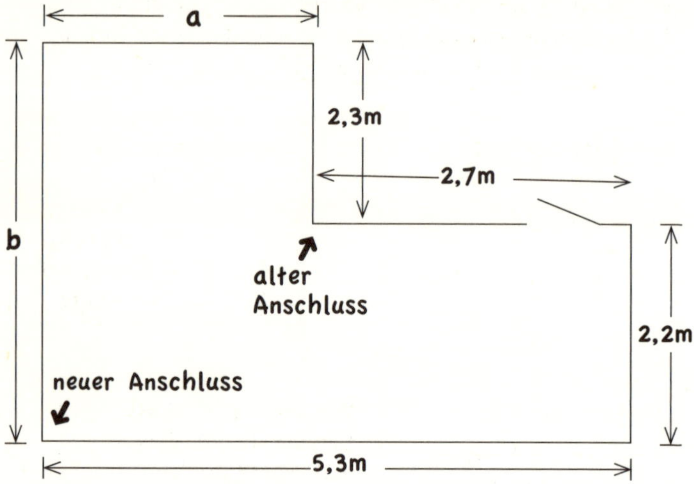

Ein Feigling vermeidet das Rechnen und verlegt das Kabel einfach an der Tür vorbei. Die Länge des Kabels wäre dann 2,7 + 2,2 + 5,3 = 10,2 m und dazu noch ein Stück, damit er um die Tür herumkommt. Geschickter ist es, *a* und *b* auszurechnen. Wenn Sie sich nur die horizontalen Geraden auf dem Grundriss ansehen, erkennen Sie, dass die lange Wand 5,3 m misst und die kurze 2,7 m. Daher ist die Wand $a = 5{,}3 - 2{,}7 = 2{,}6$ m lang. Für die vertikalen Wände finden Sie heraus, dass $b = 2{,}2 + 2{,}3 = 4{,}5$ m. Wenn Sie das Kabel hier herum verlegen, um die Tür zu vermeiden, brauchen Sie ein Kabel von der Länge $2{,}3 + a + b$. Wir setzen dann einfach die Zahlen für *a* und *b* ein und erhalten $2{,}3 + 2{,}6 + 4{,}5 = 9{,}4$ m.

Gekrümmter Raum

Eine Gerade ist die kürzeste Entfernung zwischen zwei Punkten ... solange man es nicht mit einem gekrümmten Raum zu tun hat. Normalerweise stellen wir uns eine gerade Linie auf einer zweidimensionalen Fläche vor, etwa auf einem glatten Stück Papier. Wenn Sie eine Weltkarte nehmen, können Sie eine gerade Linie einzeichnen, um die kürzeste Flugroute vom Nord- zum Südpol zu markieren, aber ist das tatsächlich die kürzeste Strecke zwischen den beiden?

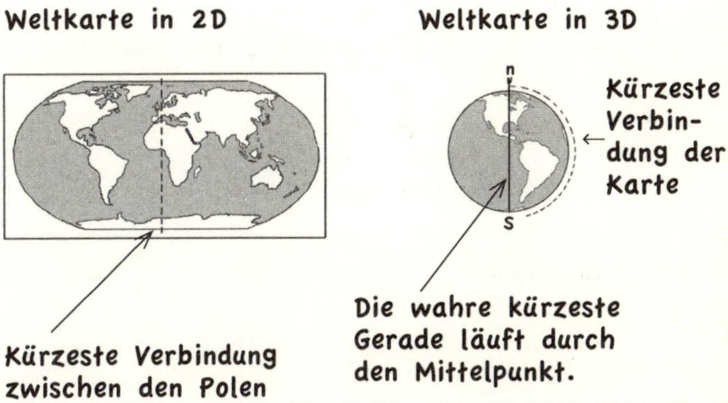

Wenn wir die wirkliche Welt betrachten, gehen wir in die dritte Dimension. Unsere Flugroute wird zu einer Kurve, und die kürzeste Linie verläuft durch den Erdmittelpunkt. (Wie lang diese Gerade ist, rechnen wir später aus.) Wären wir in der Lage, vier Dimensionen wahrzunehmen, könnten wir vielleicht eine noch kürzere Verbindung zwischen den Polen entdecken. Über solche Sachen dachte Einstein nach, als er sich mit seiner Relativitätstheorie beschäftigte.

Fläche

Nachdem Sie jetzt die Maße der Geraden ermittelt haben – wie viel Farbe brauchen Sie, um Wand *b* zu streichen, von der wir nun wissen, dass sie 4,5 m lang ist?

In dem Haushaltswarenladen greifen Sie nach einer wunderschönen Dose, die 750 ml der Farbe »Eierschalengilb« enthält. Auf dem Etikett steht, dass ein Liter dieser Farbe für 12 m^2 ausreicht.

Zuerst sollte uns das m^2 auffallen, das *Quadratmeter* bedeutet. Das ist ein Flächenmaß. Sie können jede Form malen, die Sie mögen, aber unter dem Strich bedeckt 1 Liter der Farbe dieselbe Fläche wie 12 Quadrate von 1 m x 1 m. Für welche Fläche reicht nun eine Büchse? 750 ml sind 0,75 von einem Liter, daher bedeckt die Farbe einer Büchse 12 x 0,75 = 9 m^2.

Die Fläche einer Wand berechnen

Inzwischen ist Ihnen vermutlich aufgefallen, dass es nicht reicht, nur die Länge der Wand zu kennen. Die Menge der benötigten Farbe hängt auch von der Höhe der Wand ab. Es gibt einen ganzen Berg von Formeln, um unterschiedlich geformte Flächen zu berechnen, aber in gewisser Weise gehört bei ihnen immer dazu, dass zwei Längen miteinander multipliziert werden. Wir kommen bald zu einigen dieser Formeln, aber im Moment haben wir es erst mal mit einem Rechteck zu tun, der gängigsten Fläche, die glücklicherweise auch die einfachste Formel hat.

Fläche eines Rechtecks = Breite x Höhe

Nehmen wir an, unser Zimmer ist 2,5 m hoch. Wir wissen, dass die Wand 4,5 m lang ist. Wir müssen jetzt nur die Höhe mit der Länge multiplizieren: 2,5 m x 4,5 m = $11{,}25^2$ m.

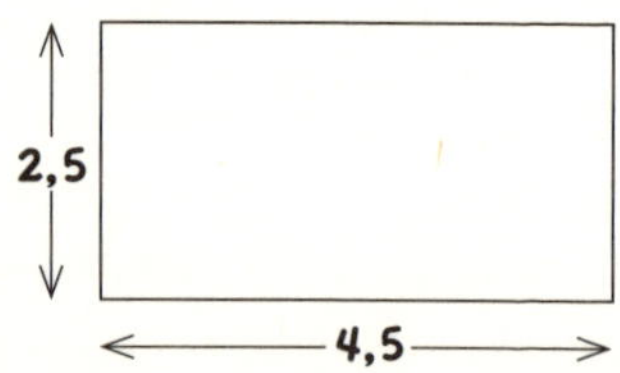

Sie sehen, wenn wir Meter mit Metern multiplizieren, bekommen wir Quadratmeter.

Jetzt kommen wir voran, denn wir wissen, dass die Fläche der Wand 11,25 m^2 beträgt und dass eine Büchse Farbe für 9 m^2 reicht. Ohne großes Rumrechnen erkennen wir, dass eine Büchse nicht für die ganze Wand reichen wird. Wenn wir zwei Büchsen kaufen, haben wir eine Menge Farbe übrig, deshalb werden wir jetzt größenwahnsinnig und schauen mal, wie viel Farbe wir brauchen, um sämtliche Wände zu streichen. Es gibt zwei Methoden, das herauszufinden. Die eine besteht darin, nacheinander die Fläche jeder Wand auszurechnen und dann alles zu addieren. Da jede Wand 2,5 m hoch ist, erhalten wir dies: (4,5 x 2,5) + (5,3 x 2,5) + (2,2 x 2,5) + (2,7 x 2,5) + (2,3 x 2,5) + (2,6 x 2,5) ... uff!

Viel einfacher ist es, wenn man sich die Wände aufgefaltet vorstellt, also alle in einer Reihe nebeneinander.

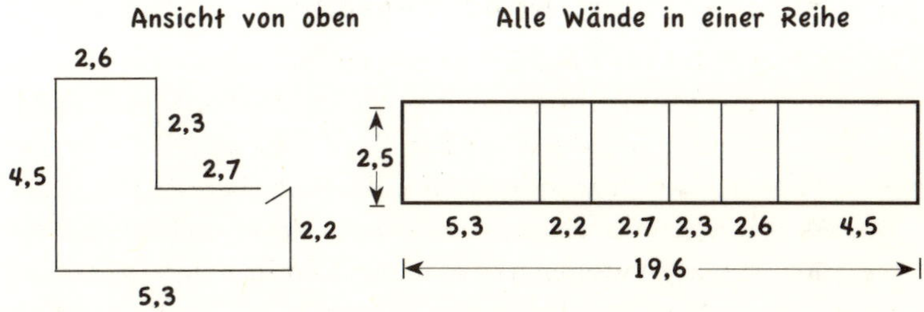

Wenn Sie alle Wandlängen zusammenzählen, bekommen Sie heraus, dass die Gesamtlänge um das Zimmer herum 19,6 m beträgt. Um die Gesamtfläche der Wände zu bekommen, wird das mit 2,5 multipliziert: 19,6 x 2,5 = 49 m^2.

Jede Farbdose reicht für 9 m^2, daher ist die Anzahl der Dosen, die Sie insgesamt brauchen 49 ÷ 9 = 5,44; mit sechs Dosen kommen Sie also hin.

Wenn Sie bei der zu streichenden Fläche noch genauer sein wollen, können Sie die Tür und die Fenster ausmessen und abziehen. Falls Sie nur grob schätzen wollen: Türen sind meist 2,0 m x 0,8 m = 1,6 m². Jetzt sehen Sie sich die Fenster an. Sind sie so groß wie die Tür? Halb so groß? Doppelt so groß? Und wenn Ihnen das egal ist, streichen Sie einfach drüber und sparen sich die Vorhänge.

Ziegel und Blöcke

Wenn Sie mit handelsüblichen Ziegeln eine Wand hochziehen möchten, die einen Ziegel dick ist, dann brauchen Sie etwa 60 Ziegel pro m². Wenn Sie Betonblöcke nehmen, brauchen Sie hingegen nur etwa 10 pro m².

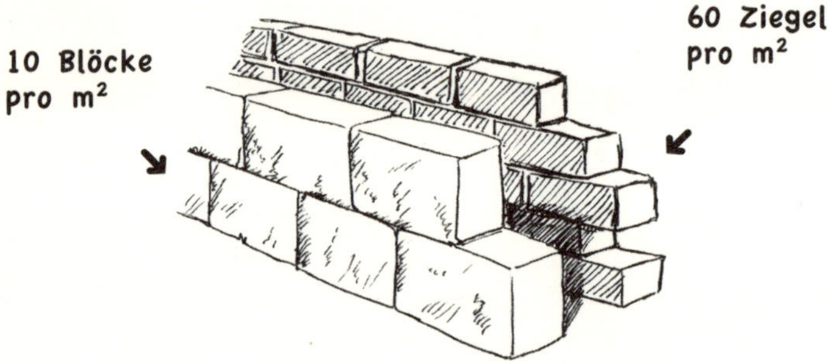

Wenn nun zufällig eine herrenlose Straßenwalze Ihre 5,3-mal-2,5-Meter-Wand dem Erdboden gleichmacht, brauchen Sie (in Ziegeln) 5,3 x 2,5 x 60 = ca. 800, beziehungsweise (in Blöcken) 5,3 x 2,5 x 10 = ca. 135 neue Mauersteine. Hätte mein Freund Blakey das gewusst, dann hätte er sich eine peinliche Situation ersparen können, als der Maurer, den er für einen kompletten Arbeitstag angeheuert hatte, schon vormittags um 11 Uhr kein Material mehr hatte.

Die Decke streichen

Die »Eierschalgilb«-Farbe trimmt Ihre Wohnung so hinreißend auf alt, dass Sie beschließen, auch die Decke mit ihr zu streichen, weshalb wir jetzt eine weitere Fläche berechnen müssen. Leider ist sie diesmal kein

Rechteck, doch wir können sie in zwei Rechtecke aufteilen, die Flächen von beiden ausrechnen und dann addieren. Es gibt zwei Wege dafür:

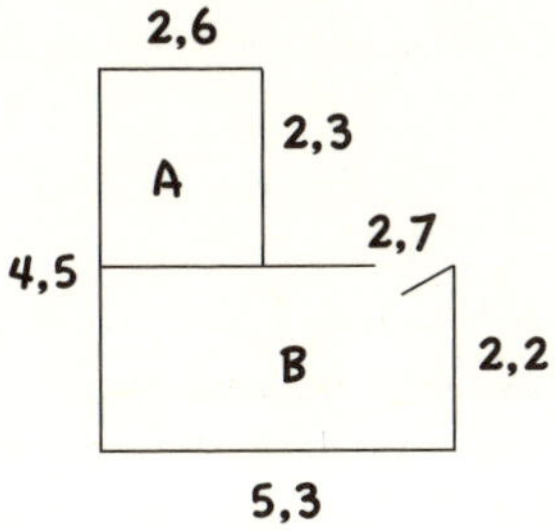

Fläche A =
2,6 x 2,3 = 5,98

Fläche B =
5,3 x 2,2 = 11,66

A + B = 17,64

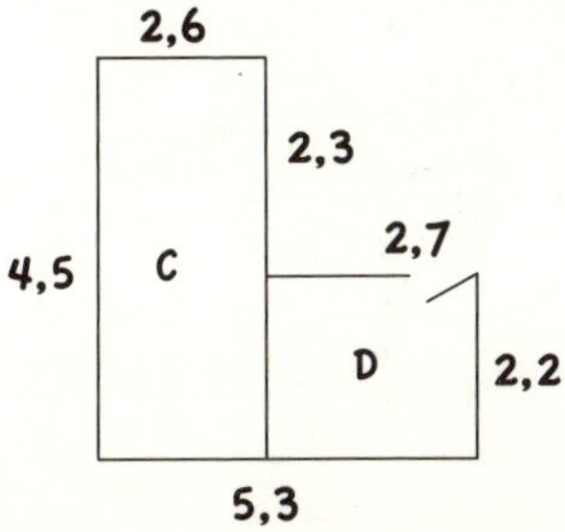

Fläche C =
2,6 x 4,5 = 11,7

Fläche D =
2,7 x 2,2 = 5,94

C + D = 17,64

Jetzt wissen wir, dass die Decke eine Fläche von 17,64 m^2 hat. Da jede Farbbüchse für 9 m^2 reicht, sollten Sie mit zwei weiteren Büchsen gerade so auskommen.

Andere Flächenformeln

Rechteck
= h x b

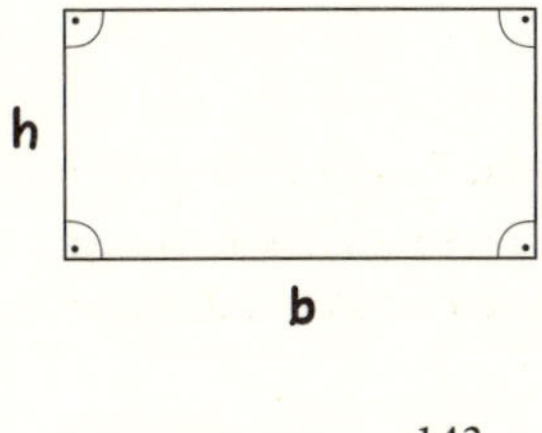

Quadrat
= a^2

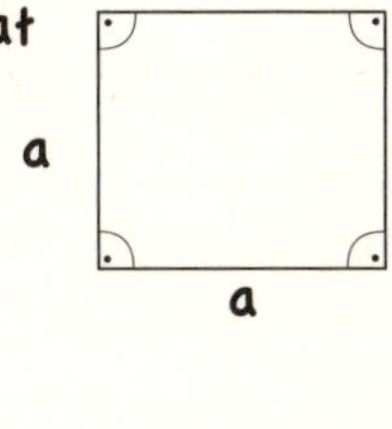

Die Formel für Rechtecke haben wir schon verwendet. Ein Quadrat ist nur ein Rechteck, bei dem alle Seiten gleich lang sind, daher muss man, wenn man die Fläche berechnen will, lediglich eine Seite mit sich selbst malnehmen.

Ein Dreieck mit einem rechten Winkel darin (ein »rechtwinkliges Dreieck«) ist nichts anderes als ein Rechteck, das diagonal in zwei Hälften zerteilt wurde. Bequemerweise ist seine Fläche = ½ x die beiden kürzeren Seiten des Dreiecks miteinander multipliziert.

Recht-winkliges Drieck $= \frac{1}{2} \times h \times b$

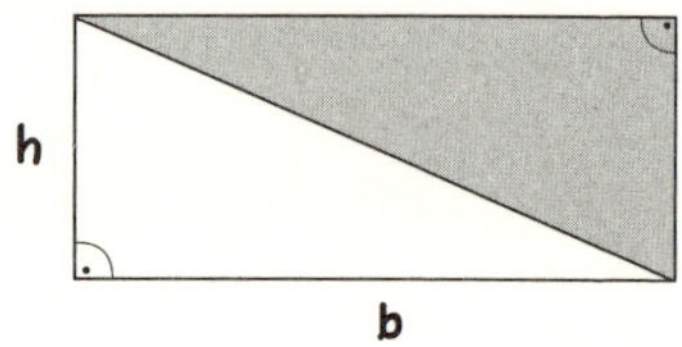

In der Tat hat *jedes* Dreieck eine halb so große Fläche wie das kleinste Rechteck, in das es hineinpasst. In der Darstellung sehen Sie, dass die beiden grauen Flächen genau in die zwei Teile des Dreiecks hineinpassen. Die Formel lautet: Fläche = ½ x Grundlinie x senkrechte Höhe.

Jedes Dreieck $= \frac{1}{2} \times h \times b$

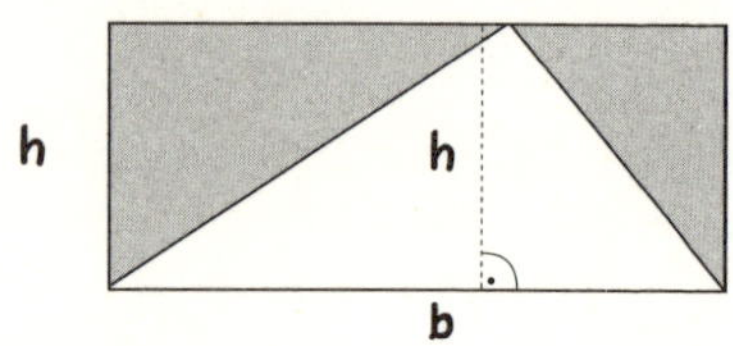

Obwohl Dreiecksformeln im Matheunterricht sehr gefragt sind, ist es ziemlich unwahrscheinlich, dass Sie sie in der wirklichen Welt jemals brauchen werden. Hier kommen zwei Formeln, die noch nutzloser sind, es sei denn, Ihre Wände und Decken hätten recht ungewöhnliche Formen:

Trapez

$= \frac{1}{2}(a + b) \times h$

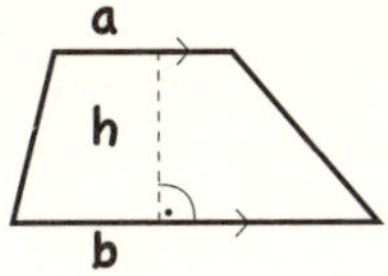

Parallelogramm

$= h \times b$

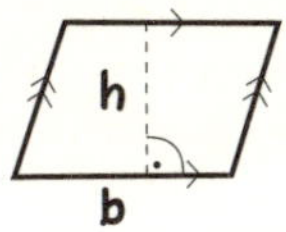

Die kleinen Pfeile zeigen, welche Linien parallel sind. Bei beiden Formeln müssen Sie die senkrechte Höhe kennen, oder Sie hängen fest.

Zum Schluss kommt hier noch, wie Sie die Größe einer Fläche auf einer Karte herausfinden können. Wenn die Seiten der kleinen Quadrate jeweils 0,1 km repräsentieren, beträgt die Fläche jedes Quadrats $(0{,}1)^2 = 0{,}01$ km². Angenommen ein See bedeckt auf der Karte etwa 35 Quadrate, dann hat er eine Fläche von ungefähr 0,35 km².

Egal, welche Form – zählen Sie einfach die Quadrate!

Der Rauminhalt eines Quaders

Für eine Gerade braucht man eine Messung, für eine Fläche zwei, die multipliziert werden, und für einen Rauminhalt (= Volumen) drei. Am einfachsten sind die Volumen von *Quadern* zu berechnen, das sind Schachteln mit rechteckigen Seiten. Man multipliziert einfach Länge, Breite und Höhe und erhält das Volumen.

Wenn Sie Ihr Gästezimmer in ein riesiges Aquarium für Ihren heiß geliebten Oktopus verwandeln wollen, möchten Sie vorher vielleicht wissen, wie viel das Zimmer wiegt, wenn es voller Wasser ist. Zuerst rechnen Sie das Volumen aus. Wenn das Zimmer 4 m x 3 m x 2,5 m misst, beträgt das Volumen 4 x 3 x 2,5 = 30 m^3. Wie Sie sehen, wird das Volumen in *m^3* oder *Kubikmetern* angegeben. Dieses Volumen von 30 m^3 enthält dieselbe Menge Wasser wie 30 Würfel mit einer Kantenlänge von 1 m. Wie wir auf Seite 129 gesehen haben, wiegt ein Kubikmeter Wasser 1 Tonne, weshalb ihr ehemaliges Gästezimmer als Aquarium 30 Tonnen wiegen wird. Viel Glück!

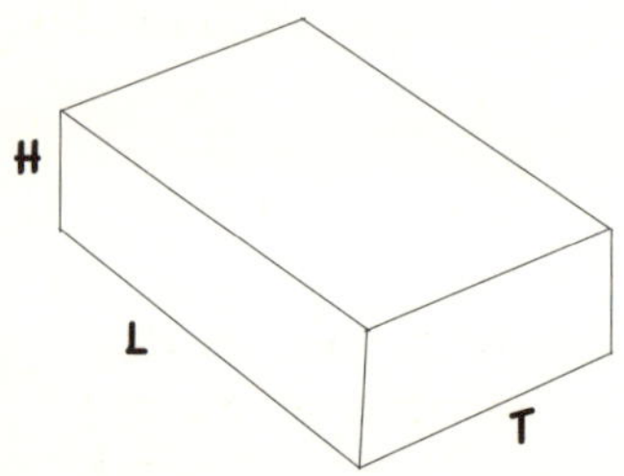

Rauminhalt = H x L x T

Die einzigen anderen Rauminhalte, mit denen Sie es möglicherweise mal zu tun bekommen, sind die von Zylindern, aber zuerst muss ich Ihnen π vorstellen.

Kreise und π

Das Äußere eines Kreises wird *Umfang* genannt, die Strecke durch den Mittelpunkt ist der *Durchmesser,* und die Strecke vom Mittelpunkt zum Rand der *Radius* – und alle drei sind durch π miteinander verknüpft. Dieses Zeichen ist der griechische Buchstabe, der *Pi* ausgesprochen wird, und steht für die sehr besondere Zahl, die man erhält, wenn man den Umfang eines beliebigen Kreises durch seinen Durchmesser dividiert.

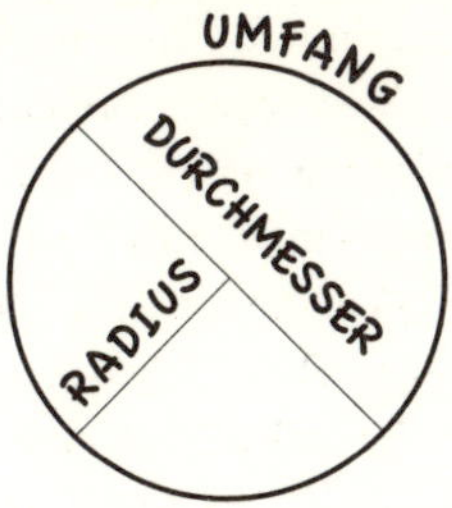

$$\frac{\text{UMFANG}}{\text{DURCHMESSER}} = \pi = 3{,}14159\ldots$$

Der Dezimalbruch geht endlos weiter, aber für die meisten von uns ist es ausreichend, sich an π als 3,14 oder $^{22}/_{7}$ zu erinnern. Man braucht π, um die Fläche eines Kreises oder das Volumen eines Zylinders oder einer Kugel zu berechnen.

π berechnen

Seit den Anfängen der Mathematik hat π die Menschen fasziniert, weil es so schwer exakt auszurechnen ist. Im alten Griechenland zeichnete Archimedes eine Form mit 96 winzigen geraden Kanten, die fast ein vollkommener Kreis war, und mit dessen Hilfe rechnete er aus, dass π irgendwo zwischen $3\,^{10}/_{71}$ und $3\,^{1}/_{7}$ liegen musste, womit er nur um ein Tausendstel (0,001) neben der exakten Lösung lag.

Im 16. Jahrhundert verwendete der deutsche Ludolph van Ceulen eine Form mit über 32 *Milliarden* Seiten und verbrachte zwanzig Jahre damit, die ersten fünfunddreißig Stellen von π herauszufinden. Wahrscheinlich glaubte er, dass niemand das je übertreffen würde, aber – Pech für ihn – kurz nach seinem Tod entwickelten Leute wie Isaac Newton einfachere Methoden, um noch mehr Stellen zu berechnen. Heute haben Computer Billionen Dezimalstellen von π gefunden, und sie haben gerade erst an der Oberfläche gekratzt …

Die wichtigsten Formeln für Kreise sind:

Durchmesser = 2 x Radius (meist geschrieben als $d = 2r$)
Umfang = π x Durchmesser ($u = \pi d$ oder $u = 2\pi r$)
Fläche = πr^2

Erinnern Sie sich an die Stelle mit den Geraden auf Seite 139? Wenn Sie vom Nordpol um die Erde herum zum Südpol fliegen, legen Sie 20.000 km zurück. Wie weit wäre es, wenn Sie eine gerade Strecke durch den Mittelpunkt der Erde bohren würden?

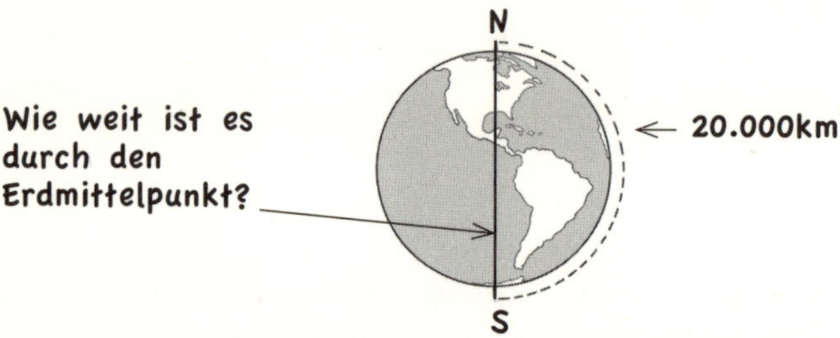

Wir wissen, dass der halbe Weg um die Erde 20.000 km lang ist, daher ist der Gesamtumfang 2 x 20.000 = 40.000 km. Die Strecke durch den Mittelpunkt ist der Durchmesser *d*, deshalb verwenden wir die Formel $u = \pi d$. Wir wissen, $\pi \times d = 40.000$. Deshalb ist $d = 40.000 \div \pi = 12.732$ km.

Da Sie wahrscheinlich nie die Reise durch den Mittelpunkt der Erde absolvieren werden, machen wir uns an etwas Naheliegenderes. Sie wollen Grassamen für ein rundes Rasenstück mit einem Durchmesser von 18 m kaufen. Ein Packung Samen reicht für 10 m^2. Wie viele Schachteln brauchen Sie? Wir müssen die Fläche des Rasens ausrechnen, deshalb verwenden wir die Formel Fläche = πr^2. Wir wissen, dass der Durchmesser des Rasenstücks 18 m beträgt, aber für die Flächenformel brauchen wir den Radius. Weil dieser halb so lang ist wie der Durchmesser, ist $r = {}^{18}\!/_{2} = 9$ Meter. Jetzt können wir die Fläche ausrechnen: $\pi r^2 = \pi \times r \times r = \pi \times 9 \times 9 = \pi \times 81 = 254\ m^2$. Da eine Schachtel für $10\ m^2$ reicht, brauchen Sie $254 \div 10 = 25{,}4$ Schachteln.

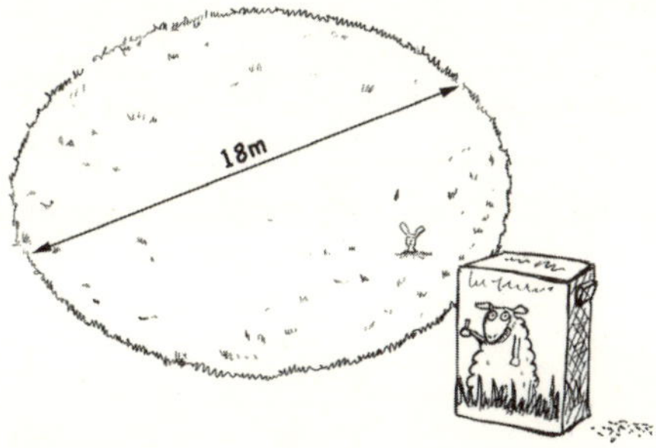

Zylinder

Die wichtigste Volumenformel mit π ist die für einen Zylinder. Man multipliziert die Fläche an einem Ende (die ein Kreis ist) mit der Höhe.

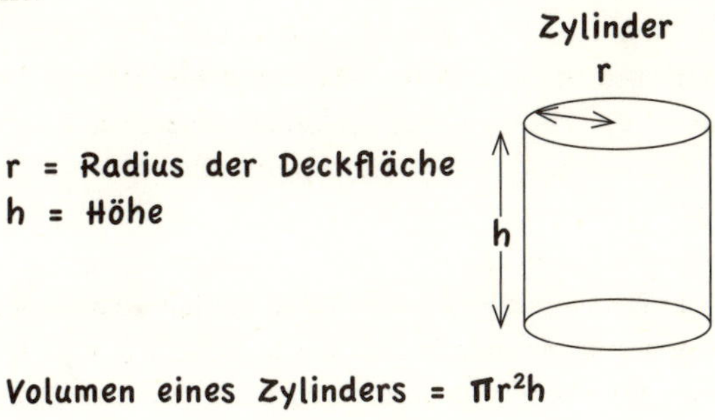

Wenn Sie in einem Haushaltswarengeschäft sind, und es gibt dort zufällig eine extragroße Sonderpreis-Dose mit der Farbe »Eierschalengilb«, die Sie so lieben, wäre es nicht schlecht zu wissen, wie viel drin ist. Zufällig ist es die letzte Dose, und das Etikett ist ausgerechnet bei der Mengenangabe zerkratzt. Den Radius zu messen ist gar nicht so einfach, also messen Sie quer über den Deckel und stellen fest, dass der Durchmesser 160 mm beträgt. Das halbieren Sie, um den Radius zu bekommen: $r = 160 \div 2 = 80$ mm. Außerdem messen Sie die Höhe und sehen, dass die Dose 0,3 m hoch ist.

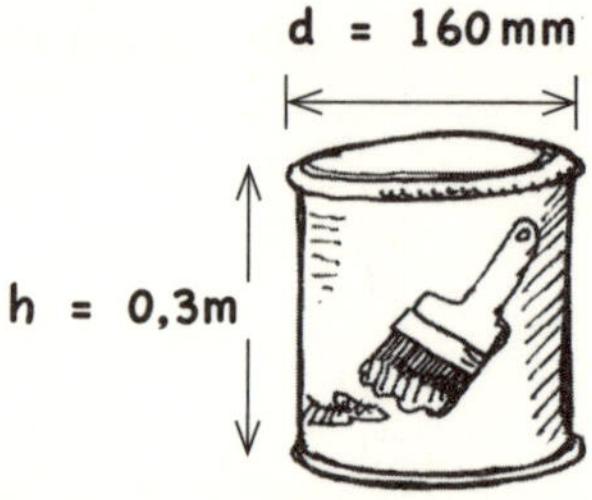

Wenn Sie eine Fläche oder ein Volumen berechnen, müssen Sie für alle Messungen dieselbe Recheneinheit verwenden. Den Radius haben wir in Millimetern und die Höhe in Metern – bleiben wir bei Metern, erhalten wir eine Lösung in Kubikmetern. Wir wandeln deshalb den Radius von 80 Millimetern in 0,08 Meter um. Jetzt setzen wir $r = 0{,}08$ und $h = 0{,}3$ in die Formel ein:

$$\begin{aligned}\text{Volumen der Farbdose} &= \pi \times (0{,}08)^2 \times 0{,}3 \\ &= \pi \times 0{,}0064 \times 0{,}3 \\ &= 0{,}00603 \text{ m}^2\end{aligned}$$

Wir blättern jetzt schnell zu Seite 129 zurück, wo wir sehen, dass in 1 Kubikmeter 1.000 Liter passen, weshalb diese geheimnisvolle Dose 0,00603 x 1.000 = 6,03 Liter enthält.

Weiter oben hatten wir ausgerechnet, dass wir für die Wände 6 und für die Decke 2 Büchsen zu je 750 ml brauchen würden, also 8 Büchsen insgesamt. Wie viele Liter sind das? 750 Milliliter = 0,75 Liter, also enthalten die 8 Büchsen 8 x 0,75 = 6 Liter. Die Supersonderdose hat also genau die richtige Größe, um damit Decke *und* Wände zu streichen!

Eine Abkürzung

Wenn Sie ein Maßband zur Hand haben, können Sie das Volumen eines Zylinders berechnen, ohne sich mit π abzumühen. Sie müssen den Umfang u, den Durchmesser d und die Höhe h messen. Der Umfang bringt die Sache mit π automatisch in die Berechnung ein und führt zu einer wunderbar einfachen Formel:

$$\text{Zylindervolumen} = \frac{udh}{4}$$

Kugeln

Vor rund 2.250 Jahren tat sich der griechische Wissenschaftler und Mathematiker Archimedes mit einer Reihe höchst außergewöhnlicher Erfindungen und Entdeckungen hervor. Seine Lieblingsentdeckung ist auf seinem Grabstein dargestellt: Er war der erste Mensch, der bewies, dass eine Kugel genau ⅔ des kleinsten Zylinders ausfüllt, in den sie hineinpasst. Anders gesagt, wenn Sie eine kleine Büchse Bohnen haben, in die gerade ein Tennisball hineinpasst, dann drückt dieser genau ⅔ der Bohnen heraus. Dank Archimedes haben wir eine Formel für das Volumen einer Kugel.

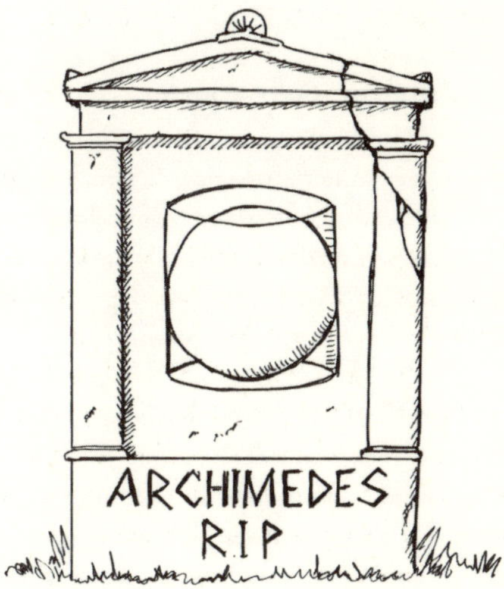

Man beginnt mit einer Kugel und nennt ihren Radius r.

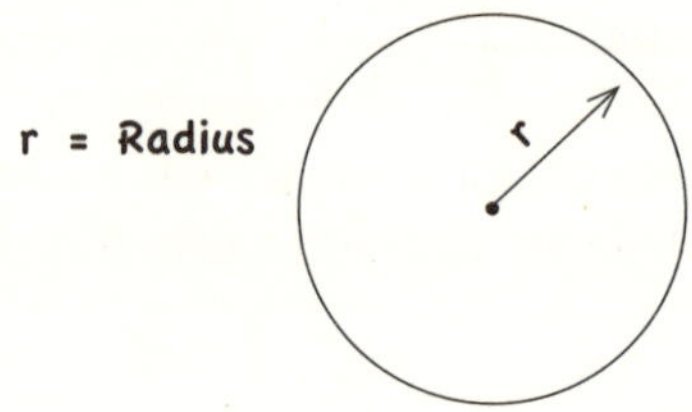

Zuerst rechnen wir eine Formel für das Volumen des kleinsten Zylinders aus, in den die Kugel passt. Wir verwenden die übliche Zylinderformel $\pi r^2 h$, sehen aber auch, dass die Höhe des Zylinders $h = 2r$ ist. Darum ist das Volumen des kleinsten Zylinders = $\pi r^2 \times 2r = 2\pi r^3$.

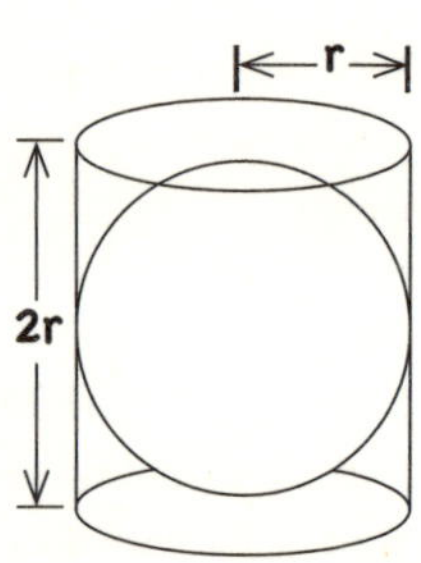

Archimedes bewies, dass die Kugel ein Volumen von ⅔ des Zylindervolumens hat, also ist das Kugelvolumen = $\frac{2}{3} \times 2\pi r^3$. Somit landen wir bei:

Volumen einer Kugel = $\frac{4}{3}\pi r^3$

Wo wir gerade dabei sind: Wenn Sie eine Kugel in der Mitte durchschneiden, beträgt die Größe der runden Schnittfläche πr^2. Die äußere Fläche der gesamten Kugel ist genau vier Mal so groß wie diese Kreisfläche, somit erhalten wir:

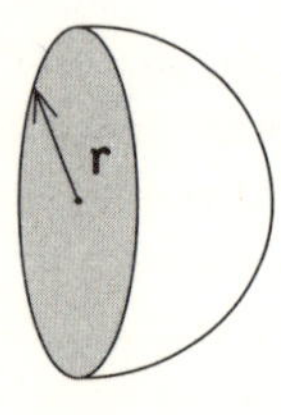

Oberfläche einer Kugel = $4\pi r^2$

Die obige Formel für das Volumen einer Kugel ist im Mathe-Unterricht ebenfalls sehr beliebt, aber in der realen Welt ist sie kaum anwendbar: Wie wollen Sie zum Beispiel den Radius eines Fußballs von seinem exakten Mittelpunkt aus abmessen? Es ist erheblich einfacher, den Umfang zu messen und dann diese Formel zu verwenden:

$$\text{Volumen einer Kugel} = \frac{c^3}{60}$$

Falls Sie zufällig ein Wissenschaftler sind, der Raketen entwickelt und ein präziseres Ergebnis braucht, dann rechnen Sie Folgendes aus:

$$\frac{c^3}{59{,}2176264}$$

Sollten Sie jedoch tatsächlich ein solcher Wissenschaftler sind, und dieses Buch lesen müssen, haben wir alle mächtige Probleme, nicht wahr?

Der Lehrsatz des Pythagoras

Pythagoras lebte etwa 300 Jahre vor Archimedes, und für den folgenden Lehrsatz ist er noch heute berühmt: In einem rechtwinkligen Dreieck ist das Quadrat über der Hypotenuse genauso groß wie die Summe der Quadrate über den anderen beiden Seiten. Als Hypotenuse bezeichnet man übrigens die längste Seite in einem rechtwinkligen Dreieck; sie liegt dem rechten Winkel gegenüber.

Das klingt schrecklich, aber die Zeichnung macht die Sache anschaulicher. Wenn Sie ein rechtwinkliges Dreieck haben und aus jeder Seite ein Quadrat machen, sind die Flächen der zwei kleineren Quadrate zusammen genauso groß wie die Fläche des großen Quadrats.

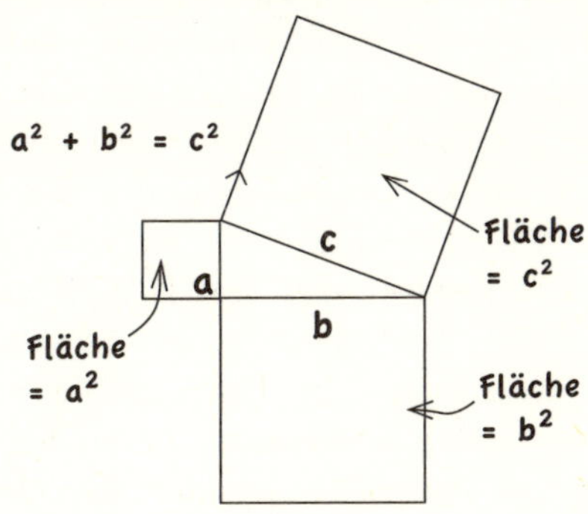

Falls Sie sich fragen, wieso es jemand nötig haben könnte, Quadrate an die Seiten eines Dreiecks zu kleben – grübeln Sie nicht weiter nach! Der Grund, warum dieser Lehrsatz nützlich ist, liegt woanders. Stellen Sie sich stattdessen vor, Sie nehmen eine Abkürzung diagonal über einen Fußballplatz. Wenn der Platz 100 m x 70 m misst, wie weit müssen Sie dann laufen?

Es kommen ein paar knifflige Berechnungen auf Sie zu, deshalb sollten Sie sichergehen, dass das Ergebnis richtig aussieht. Die Zeichnung verdeutlicht, dass die Lösung größer als 100 m, aber kleiner als 170 m sein sollte.

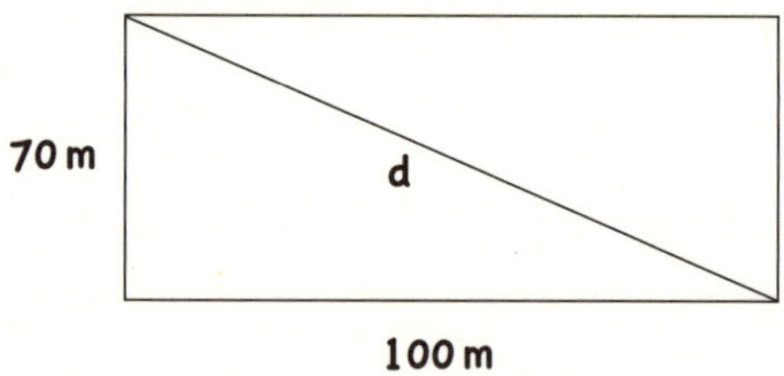

Wir nennen unsere diagonale Abkürzung d.
Laut Pythagoras gilt: $d^2 = 100^2 + 702$
Daraus wird: $d^2 = 10.000 + 4.900 = 14.900$

Jetzt müssen wir die Quadratwurzel von 14.900 herausfinden. Anders gesagt: Welche Zahl ergibt mit sich selbst multipliziert 14.900?

Wenn Sie keinen Taschenrechner haben, liegt der direkteste Weg beim Berechnen von Quadratwurzeln im Raten und Verbessern. Wenn Sie tippen, dass 120 die Lösung sein könnte, rechnen Sie 120 x 120 = 14.400. Das ist von 14.900 nicht weit weg, aber vielleicht ein bisschen klein, also probieren Sie 123 x 123 = 15.129. Das ist ein bisschen zu groß, also kommt jetzt 122 x 122 = 14.884. Sie sind ganz nah dran, aber jetzt wird es doch Zeit für den Taschenrechner.

Geben Sie ein <14.900 √>, und heraus kommt 122,065.

Somit ist die Abkürzung etwas länger als 122 m.

Seit Pythagoras diesen Lehrsatz vor über 2.500 Jahren bewies, hat es mindestens 300 *weitere* Beweise dafür gegeben, die unter anderem mit komplexer Algebra, Zeichnungen und Trigonometrie arbeiteten – und außerdem den folgenden, für den man nur ein paar Formen anstarren muss.

Der Beweis für $a^2 + b^2 = c^2$

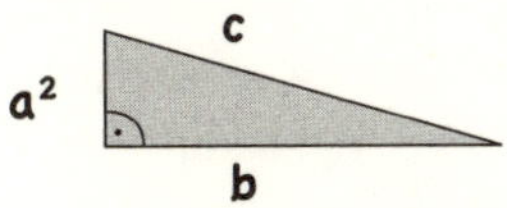

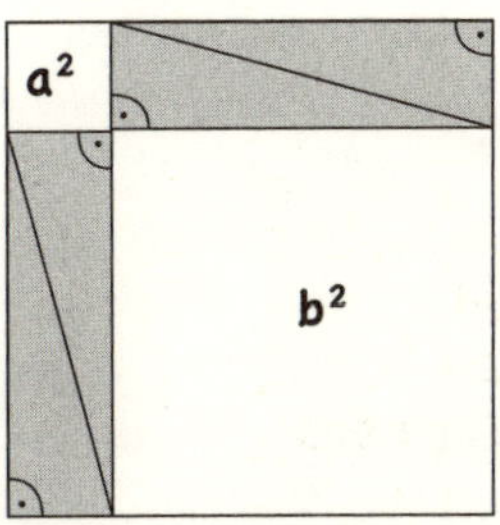

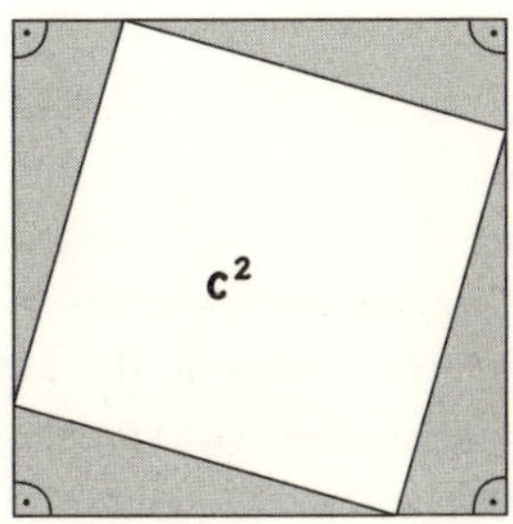

Diese Form hat die Fläche von 4 Dreiecken plus zwei kleineren Quadraten.

Diese Form hat die Fläche von 4 Dreiecken plus das große Quadrat in der Mitte.

Die größeren Zeichnungen unten sind beide Quadrate mit der Seitenlänge $(a + b)$. Das bedeutet, dass sie dieselbe Fläche haben, und deshalb ist die Gesamtfläche der beiden kleineren, inneren Quadrate links = der Fläche des großen inneren Quadrats rechts. Damit haben wir bewiesen: $a^2 + b^2 = c^2$!

WIE FUNKTIONIEREN WAHRSCHEIN-LICHKEITEN?

Die Wahrscheinlichkeit, dass etwas passiert, misst man in einem Bruch oder in Prozenten. Wenn etwas mit absoluter Sicherheit passieren wird (zum Beispiel: Wie wahrscheinlich ist es, dass es irgendwann im nächsten Jahr regnet?), beträgt die Wahrscheinlichkeit 1 oder 100%. Wenn etwas mit absoluter Sicherheit nicht passieren wird (zum Beispiel: Mit welcher Wahrscheinlichkeit wachsen Ihnen Flügel?), beträgt die Wahrscheinlichkeit 0 oder 0%. Wenn es genauso wahrscheinlich ist, dass etwas passiert oder nicht passiert (zum Beispiel bei einem Münzwurf die Zahl zu bekommen), beträgt die Wahrscheinlichkeit ½ oder 50%.

Wenn eine Sache sehr unwahrscheinlich ist, dann ist es erheblich verständlicher, etwas zu sagen wie: »Deine Chance, sechs Richtige im Lotto zu haben, liegt bei 1 zu 14 Millionen.« Wollte man genauer sein, könnte man sagen, die Chance liege bei 1 zu 13.983.816, was dasselbe ist wie der Bruch $1/13.983.816$. Wirklich unanschaulich wird es, wenn man das in eine Prozentzahl umrechnet: Man bekommt 0,00000715%.

Die Chancen beim Würfeln

Normale Würfel haben sechs Seiten, deshalb beträgt die Wahrscheinlichkeit, eine bestimmte Zahl zu werfen, $1/6$ oder 16,7%. Wirft man zwei Würfel, gibt es 36 Möglichkeiten, wie sie fallen können.

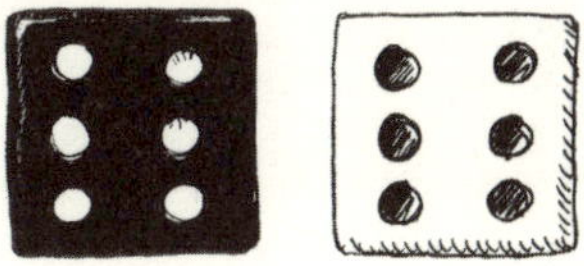

Angenommen, Sie wollen eine 12 werfen. Sie müssen dafür ein Sechserpasch werfen, und von den 36 möglichen Würfen geht das nur mit einer einzigen Würfelkombination. Ihre Chancen sind daher $1/36$ = ca. 2,8%.

Angenommen, Sie wollen mit zwei Würfeln eine 3 haben. Sie können entweder eine 1 und eine 2 oder eine 2 und eine 1 werfen, also gibt es zwei Möglichkeiten. Ihre Chancen sind $2/36 = 1/18$ = ca. 5,6%.

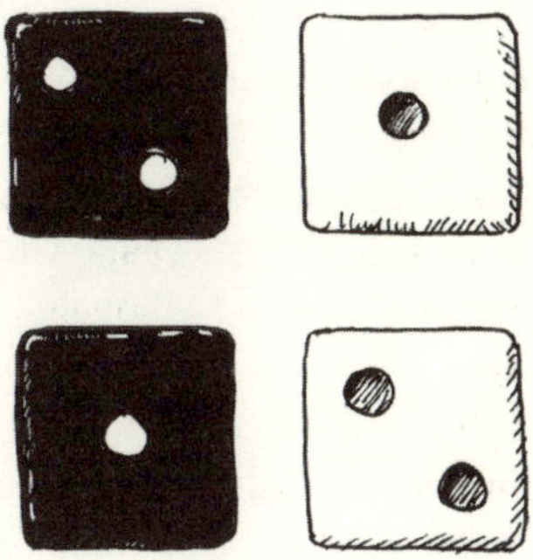

Der häufigste Wurf mit zwei Würfeln ist 7, weil es sechs verschiedene Kombinationen gibt, die eine 7 ergeben (1 und 6, 2 und 5, 3 und 4, 4 und 3, 5 und 2, 6 und 1). Die Wahrscheinlichkeit beträgt also $6/36 = 1/6$ = 16,7%.

Geburtstags-wahrscheinlichkeiten

Jetzt erfahren Sie das wahrscheinlich Eigenartigste in diesem Buch: Wenn Sie 30 beliebige Menschen in einem Raum haben, liegt die Wahrscheinlichkeit, dass zwei von ihnen am selben Tag Geburtstag haben, bei 70%!

Die Methode, um das auszurechnen, besteht darin, dass man die Wahrscheinlichkeit dafür berechnet, dass *niemand* am selben Tag Geburtstag hat wie ein anderer (nur Tag und Monat, nicht das Jahr). Wir fangen mit Fred an, der noch ganz allein in dem Raum ist, als Janet kommt. Wie groß ist die Wahrscheinlichkeit, dass sie einen anderen Geburtstag hat als Fred? Für diese Berechnungen gehen wir von einem Jahr mit 365 Tagen aus und vernachlässigen die Schaltjahre, da sie am Ergebnis kaum etwas ändern, die Berechnungen aber furchtbar verkomplizieren.

Die Wahrscheinlichkeit, dass Janet denselben Geburtstag wie Fred hat, ist $1/365$. Deshalb beträgt die Wahrscheinlichkeit, dass sie *nicht* am selben Tag Geburtstag hat $364/365$.

Jetzt kommt Barney, und wenn Janets Geburtstag nicht identisch mit dem von Fred ist, ist seine Wahrscheinlichkeit, den Geburtstag mit keinem von beiden zu teilen, $363/365$. Die Wahrscheinlichkeit, dass keiner der drei seinen oder ihren Geburtstag teilt, beträgt:

$$\frac{364}{365} \times \frac{363}{365} = 99{,}18\%$$

Nun kommt Agnes herein, und die Wahrscheinlichkeit, dass sie an keinem Tag wie einer der anderen Geburtstag hat, ist $362/365$, deshalb beträgt die Wahrscheinlichkeit, dass alle vier einen unterschiedlichen Geburtstag haben:

$$\frac{364}{365} \times \frac{363}{365} \times \frac{362}{365} = 98{,}37\%$$

Allmählich füllt sich der Raum, und wir multiplizieren immer mehr Brüche, um die Wahrscheinlichkeit dafür zu ermitteln, dass keiner der Anwesenden seinen Geburtstag mit jemandem teilt. Wenn die dreiundzwanzigste Person hereinkommt, geschieht etwas Eigenartiges. Die Aufgabe, um die Wahrscheinlichkeit zu berechnen, dass keine gemeinsamen Geburtstage vorkommen, sieht so aus:

$$\frac{364}{365} \times \frac{363}{365} \times \frac{362}{365} \times \ldots$$

$$\text{und so weiter} \ldots \times \frac{345}{365} \times \frac{344}{365} \times \frac{343}{365} = 49{,}27\%$$

Das bedeutet, dass die Wahrscheinlichkeit, dass niemand zusammen mit jemand anderem im Raum gemeinsam Geburtstag hat, knapp unter 50% liegt. Deshalb liegt die Wahrscheinlichkeit, dass zwei Leute am selben Tag Geburtstag haben, knapp über 50% – damit ist es wahrscheinlicher als nicht!

Wenn schließlich 30 Leute den Raum bevölkern, liegt die Wahrscheinlichkeit, dass niemand davon seinen Geburtstag mit jemand anderem teilt, nur noch bei etwa 30%, und somit ist die Wahrscheinlichkeit, dass zwei der Leute am selben Tag feiern, etwa 70%. Wenn es Ihnen schwerfällt, das zu glauben, fragen Sie einfach mal rum, wenn Sie das nächste Mal 30 Leute beisammenhaben. Kaum zu glauben, aber wahr.

Spielkarten und Pokerblätter

Wenn Sie ein normales Kartenspiel mit 52 Karten haben, ist es oft nützlich zu wissen, mit welcher Wahrscheinlichkeit Sie bestimmte Kartenkombinationen bekommen. Manche dieser Wahrscheinlichkeiten können wir leicht selbst ausrechnen.

Wie groß ist die Wahrscheinlichkeit, dass die ersten zwei Karten ein Paar sind?

Wenn Sie das Päckchen mischen und dann die oberste Karte umdrehen, kann sie alles sein, zum Beispiel die Kreuz 4. Im Päckchen befinden sich in diesem Fall noch drei Karten, die dazu passen, nämlich die Pik 4, die Herz 4 und die Karo 4. Das Päckchen enthält noch 51 Karten. Deshalb beträgt die Wahrscheinlichkeit, dass die nächste Karte eine der drei benötigten ist, $3/51$. Diesen Bruch können Sie kürzen, indem Sie Zähler und Nenner durch 3 teilen, sodass die Wahrscheinlichkeit dann $1/17$ beträgt.

Mit anderen Worten: Wenn Sie ein Päckchen Karten immer wieder durchmischen und jedes Mal die obersten zwei Karten betrachten, sollten Sie im Durchschnitt bei einem von siebzehn Versuchen ein Pärchen bekommen.

Wie groß ist die Chance, fünf Karten von derselben Farbe zu bekommen?

Würden Sie Poker spielen, wäre das ein Flush, und Sie wären sicher sehr zufrieden. Aber wie wahrscheinlich ist das?

Als Erstes sollte man sich klarmachen, dass es keine Rolle spielt, ob man von einem gemischten Stoß einfach die obersten fünf Karten nimmt oder ob man seine Karten in einer Spielrunde einzeln gegeben bekommt. Stellen wir uns also der Einfachheit halber vor, dass Sie die ersten fünf Karten eines Stapels nehmen.

Die erste Karte kann irgendwas sein. Sie hat natürlich dieselbe

Farbe wie sie selbst, also beträgt ihre Wahrscheinlichkeit 1 (oder 100%). Sagen wir, es ist die Karo 7. Unter den verbleibenden 51 Karten sind noch 12 von derselben Farbe. Daher ist die Wahrscheinlichkeit, dass die nächste Karte ebenfalls eine Karo-Karte ist, $\frac{12}{51}$.

Nun sind für die dritte Karte noch elf Karos unter 50 Karten übrig; die Wahrscheinlichkeit beträgt also $\frac{11}{50}$. Entsprechend ist die Wahrscheinlichkeit bei der vierten Karte $\frac{10}{49}$ und bei der fünften $\frac{9}{48}$. Um das Ergebnis für alle fünf Karten in derselben Farbe zu finden, multiplizieren wir diese Wahrscheinlichkeiten miteinander:

Die Wahrscheinlichkeit für einen Flush

$$1 \times \frac{12}{51} \times \frac{11}{50} \times \frac{10}{49} \times \frac{9}{48} = \frac{11.880}{5.997.600}$$

Das ist ein hässlicher Bruch, deshalb runden wir ihn ab: 11.880 ist sehr nah an 12.000 und 5.997.600 ist sehr nah an 6.000.000. Damit haben wir:

$$\frac{12.000}{6.000.000} = \frac{1}{500}$$

Also beträgt die Wahrscheinlichkeit, direkt einen Flush auf die Hand zu bekommen etwa 1 zu 500 oder 0,2%.

Pokerblätter

Die besten Blätter beim Pokern sind die, deren Wahrscheinlichkeit am geringsten ist. Hier sind sie, nach Wert geordnet:

❶ 1 zu 650.000: ROYAL FLUSH (As, König, Dame, Bube, 10 derselben Farbe)

❷ 1 zu 72.000: STRAIGHT FLUSH (fünf aufeinander folgende Karten derselben Farbe, etwa 7, 8, 9, 10, Bube in Herz)

❸ 1 zu 4.000: VIERLING (vier gleiche Werte)

❹ 1 zu 700: FULL HOUSE (Drilling und Paar)

❺ 1 zu 500: FLUSH (fünf Karten derselben Farbe)

❻ 1 zu 256: STRASSE (fünf aufeinander folgende Karten unterschiedlicher Farben)

❼ 2%: DRILLING (drei gleiche Werte)

❽ 5%: ZWEI PAARE (etwa zwei Achten und zwei Dreier)

❾ 42%: EIN PAAR (etwa zwei Damen)

Der Zehn-Karten-Poker-Trick

Ein Full House schlägt, wie Sie oben sehen, einen Drilling, und ein Drilling ist besser als zwei Paare. Hier kommt ein Trick, den ich bei Rob Eastaway, einem anderen Autor von Mathe-Büchern, in Dublin gelernt habe. Wir übernehmen keine Verantwortung dafür, wie Sie ihn verwenden.

Sie spielen mit einem Freund, mischen, und teilen jedem fünf Karten aus. Das Hinterhältige ist, dass Sie bestimmen können, wer gewinnt und wer verliert!

Das Geheimnis ist so einfach wie hinreißend: Ganz egal, wie die Karten gemischt sind – wer die Einzelne bekommt, verliert! Wenn Sie den Umgang mit Karten gewöhnt sind, ist es leicht, die Einzelne oben oder unten festzuhalten und dafür zu sorgen, dass sie an den gewünschten Spieler geht. Wenn Sie weniger geübt sind, knicken Sie eine Ecke ein klein wenig um, sodass Sie wissen, wer gewinnt.

Wenn Sie clever sind, lassen Sie Ihren Freund erst ein paar Mal gewinnen, und wenn er Blut geleckt hat, erhöhen Sie den Einsatz und gewinnen dann Ihrerseits.

Ein Bündel Wahrscheinlichkeiten

Die Menschen lieben es, über die Wahrscheinlichkeiten von merkwürdigen Dingen zu spekulieren. Hier kommen ein paar, aber nehmen Sie sie nicht allzu ernst.

? Die Wahrscheinlichkeit, dass ein Klee vierblättrig ist, beträgt 1 zu 10.000 oder 0,01%.

? Die Wahrscheinlichkeit, dass bei einer Zeugung mehr als ein Baby entsteht, steigt langsam an. Derzeit liegt die Chance für Zwillinge, Drillinge oder mehr bei etwa 3%.

? Wenn Sie gerade einen Dartpfeil auf ein Dartbrett werfen wollen, aber plötzlich jemand kommt, Ihnen die Augen verbindet und Sie ein paar Mal um die eigene Achse dreht, liegt Ihre Chance, das Brett zu treffen, bei ungefähr 2%. Und das Bull's Eye treffen Sie mit einer Wahrscheinlichkeit von 1 zu 100.000. Aber bitte nicht ausprobieren.

? Die Chance, beim Golf ein Hole-in-One zu schaffen, wird auf 1 zu 5.000 geschätzt.

? Die Wahrscheinlichkeit, vom Blitz getroffen zu werden, beträgt ungefähr 1 zu 3.000.000. Zufällig ist es genauso wahrscheinlich, einem Alien zu begegnen.

? Die Wahrscheinlichkeit, dass ein Asteroid im Lauf der nächsten 100 Jahre die Erde trifft, ist 1 zu 5.000. Und wenn dieser große, dreckige Asteroid auf die Erde aufprallt, wie groß ist dann die Wahrscheinlichkeit, dass Sie gerade Ihre Wäsche zum Trocknen rausgehängt haben? Rund 100%.

? Wie groß ist die Chance, bei einem Test im Multiple-Choice-Verfahren nur durch Raten die volle Punktzahl zu bekommen? Wenn es 30 Fragen sind und jede vier mögliche Antworten hat, ist sie 1 zu 4^{30} = 1.152.921.504.606.846.976. Wenn Sie nur 50% richtig haben müssen, um zu bestehen, sind die Erfolgschancen viel schwerer auszurechnen, aber es läuft ungefähr auf 1 zu 364 hinaus. Die gute Nachricht ist, dass Ihre Chance, sämtliche Fragen falsch zu tippen, nur 1 zu 5.600 ist.

Zwei irreführende Wahrscheinlichkeiten

Wenn es um Wahrscheinlichkeiten geht, können viele Leute ziemlich durcheinandergeraten, und leider gibt es auf der Welt viele gemeine und skrupellose Gestalten, die es lieben, leichtgläubige Zocker auszunehmen, indem sie ihnen unfaire Wetten vorschlagen. Wenn Sie gerne zu diesen gemeinen, skrupellosen Gestalten gehören möchten, finden Sie hier zwei kleine Tricks, um ihr Herz zu erwärmen. Der erste lässt den Zocker glauben, er sei clever, und der zweite schröpft ihn.

Die schwarzen und die weißen Karten

Sie sitzen mit dem armen, alten Malcolm an einem Tisch und zeigen ihm drei Karten. Eine ist auf beiden Seiten schwarz, eine auf beiden Seiten weiß, und die dritte hat eine schwarze und eine weiße Seite.

Malcolm soll nun die Karten unter dem Tisch mischen, eine ziehen und sie dann so auf den Tisch legen, dass die Unterseite nicht zu sehen ist. Die anderen beiden Karten bleiben außer Sicht. Die Seite der Karte, die ihr beide seht, ist schwarz.

»Das ist offensichtlich nicht die ganz weiße Karte«, sagen Sie. »Also ist es entweder die schwarz-weiße oder die ganz schwarze Karte.« Malcolm nickt weise. Das stimmt.

»Wenn es also das eine oder das andere ist, muss es 50:50 sein.« Wieder nickt Malcolm weise. »Ich wette mit dir um 1 €, dass die andere Seite schwarz ist.«

»Nein, danke«, sagt Malcolm. Er ist argwöhnisch, weiß aber nicht, warum.

»Ach, komm«, sagen Sie. »Ich mach dir einen Vorschlag: Wenn die andere Seite schwarz ist, gibst du mir 1 €, und wenn sie weiß ist, kriegst du von mir 1,50 €. Wie klingt das?«

Dem kann Malcolm nicht widerstehen, und er zückt sein Portemonnaie ... doch die Wahrscheinlichkeit spricht dafür, dass Sie bei zwei von drei Malen gewinnen. Anders gesagt, wenn Sie dieses Spiel drei Mal mit Malcolm spielen, werden Sie im Durchschnitt 1,50 € an ihn verlieren, aber 2 € von ihm gewinnen.

Das Geheimnis ist dies: Welche Farbe auch offenliegt, Sie wetten *immer* darauf, dass die Rückseite der Karte dieselbe Farbe hat. Zwei der Karten haben vorn und hinten dieselbe Farbe, und nur eine ist gemischt schwarz-weiß. Malcolm hat nur eine Chance von 1 zu 3, dass die Farbe anders ist.

Wenn er lange genug drüber nachdenkt, kommt er vielleicht drauf, deshalb kommen wir jetzt zu Trick zwei.

Der Zwei-Münzen-Trick

Dieser Trick ist so einfach und doch so verwirrend! Am günstigsten ist es, wenn Sie Malcolm treffen, wenn er mit seiner Freundin Sandra zusammen ist. Sie wird Ihnen helfen, Malcolm ein bisschen Geld abzuknöpfen; sie muss lediglich Ihren Anweisungen folgen und darf Malcolm nichts zuflüstern.

Macht Malcolm ein gutes Geschäft? Natürlich nicht. Auch hier gewinnen Sie diese Wette wieder bei zwei von drei Durchgängen. Das Irritierende ist, dass es bei zwei geworfenen Münzen anscheinend nur drei Möglichkeiten gibt, wie sie zu liegen kommen: zweimal Bild, zweimal Zahl oder je eins davon. Doch wenn Sie zwei unterschiedlich große Münzen nehmen, sehen Sie, dass sie auf vier verschiedene Arten fallen können:

Sie hatten Sandra gebeten, die Münzen nochmal durchzuschütteln, wenn es zwei Zahlen wären, womit Sie diese Möglichkeit schon mal ausgeschlossen hatten. Das bedeutete, als es ans Wetten ging, waren nur noch drei Möglichkeiten übrig. Als Sandra eine Münze mit Bild zeigte, musste bei zwei der drei Möglichkeiten die andere Münze die Zahl zeigen! Deshalb gewinnen Sie zwei Spiele von dreien.

Der Gewinn des Buchmachers

Angenommen, in einem Beutel sind 12 Kugeln, acht weiße, drei graue und eine schwarze. Sie müssen die Augen schließen und eine Kugel herausholen. Wenn es die schwarze ist, gewinnen Sie, aber wie groß sind Ihre Gewinnchancen? Sie sind 1 zu 12, was wir als Bruch $1/12$ schreiben können.

Eine andere Art, dies darzustellen, besteht darin, dass man sagt: Es gibt elf Chancen, *nicht* die schwarze Kugel zu ziehen, und eine, bei der man gewinnt. Daraus ergibt sich eine Quote von 11 zu 1 *gegen* das Gewinnen, die von Buchmachern im Allgemeinen als 11:1 geschrieben wird – auf diese Weise berechnet man in diesem Geschäft die Wetten.

Ein Buchmacher, der keinen Profit machen will, könnte Ihnen eine Quote von 11:1 *dagegen* anbieten, dass Sie die schwarze Kugel erwischen. Wenn Sie dann 1 € wetten und verlieren, behält er Ihren

Euro. Wenn Sie 1 € wetten und gewinnen, bekommen Sie Ihren Euro zurück und dazu die 11 €, die Sie gewonnen haben.

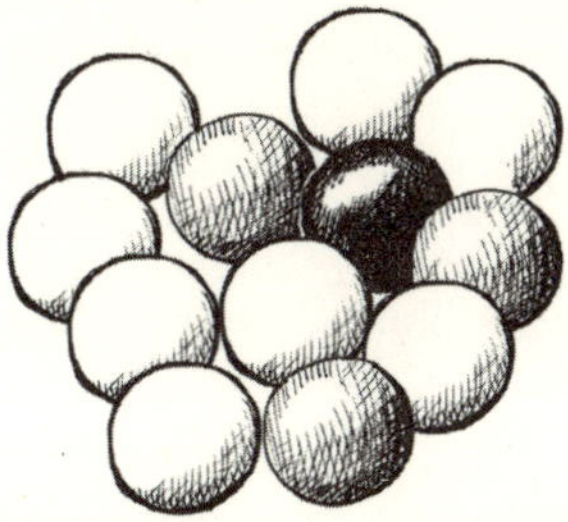

Wahrscheinlichkeit für die richtige Kugel:	Quote des Buchmachers:
Schwarz $\frac{1}{12}$	11 : 1
Weiß $\frac{8}{12}$	1 : 2

↑ Zahl der Möglichkeiten, bei denen Sie nicht gewinnen ↑ Zahl der Möglichkeiten, bei denen Sie gewinnen

Angenommen, Sie wetten sich durch den ganzen Beutel, indem Sie jeweils eine Kugel herausnehmen. Sie wissen, dass Sie elf Mal verlieren und einmal gewinnen werden. Wenn der Buchmacher Ihnen jedesmal, wenn Sie eine Kugel herausgenommen haben, eine Quote von 11:1 anbietet, haben Sie ihm am Schluss 11 x 1 € = 11 € bezahlt. Er hat Ihnen 1 x 11 = 11 € ausgezahlt, somit ist es ausgeglichen.

Wenn Sie finden, dass es zu unwahrscheinlich ist, dass Sie die schwarze Kugel erwischen, beschließen Sie vielleicht, es mit einer der acht weißen zu versuchen. Ihre Gewinnchance beträgt hierbei 8/12.

Der Buchmacher formuliert das so: Sie haben 4 zu 8 Möglichkeiten gegen das Gewinnen, daher bietet er Ihnen die faire Quote $4/8$, die sich zu $1/2$ kürzt. Wenn Sie nun 1 € wetten und eine weiße Kugel aus dem Beutel ziehen, gewinnen Sie $1/2$ x 1 € = 50 Cent.

Wie wandelt man die Quoten des Buchmachers in Gewinnchancen um?

Unser Buchmacher bietet Ihnen auch eine Quote von 3 zu 1 dagegen an, dass Sie eine der drei grauen Kugeln aus dem Beutel holen. Wenn wir überprüfen wollen, ob das fair ist, müssen wir seine Quote in die Wahrscheinlichkeit, eine graue Kugel zu erwischen, umwandeln und sehen, ob die beiden gleich sind.

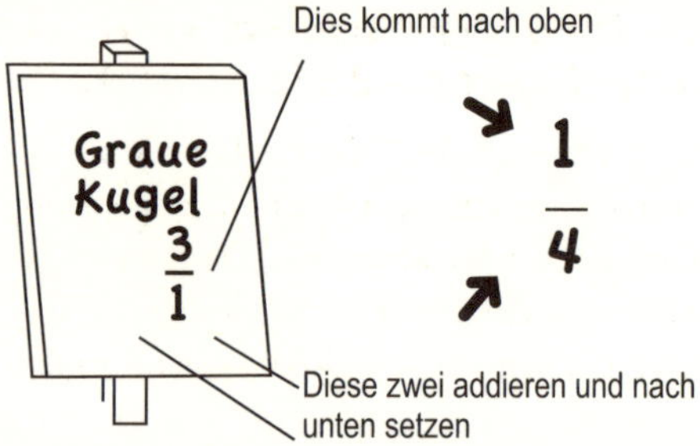

Die Quote des Buchmachers legt nahe, dass die Wahrscheinlichkeit $1/4$ betragen sollte. Da sich unter den 12 Kugeln 3 graue befinden, ergibt das eine Wahrscheinlichkeit von $3/12 = 1/4$. Er spielt also fair.

Jetzt kommt der clevere Teil. Angenommen, wir wüssten nicht, wie viele Kugeln sich in dem Beutel befinden, sondern nur, dass sie weiß, grau oder schwarz sind. Wir können nun herausfinden, ob der Buchmacher fair ist, allein indem wir uns seine Quoten ansehen, sie in Wahrscheinlichkeiten umrechnen und diese Wahrscheinlichkeiten für sämtliche Wetten addieren.

Quote für Schwarz = 11:1, Wahrscheinlichkeit daher = $\frac{1}{12}$

Quote für Weiß = 1:2, Wahrscheinlichkeit daher = $\frac{2}{3}$

Quote für Grau = 3:1, Wahrscheinlichkeit daher = $\frac{1}{4}$

Wenn er tatsächlich vollkommen fair ist, müssten sich diese Wahrscheinlichkeiten zu 1 addieren. Sie können entweder die Brüche direkt zusammenzählen oder sie mit einem Taschenrechner in Dezimalbrüche umwandeln und diese zusammenzählen, aber in jedem Fall stellen Sie fest, dass sie genau 1 ergeben. Dieser Buchmacher ist wirklich sehr menschenfreundlich. Leider existiert er nicht.

Sportwetten (und die Wahrscheinlichkeit, dass Elvis in einer Pommes-Bude arbeitet)

Bei Sportwetten lassen sich die Gewinnchancen nicht so leicht berechnen, wie beim Kugeln-aus-dem-Beutel-Ziehen. Und dazu kommt, dass ein Buchmacher niemals »fair« ist, wie wir es uns idealerweise vorstellen würden, sondern Gewinn machen muss, damit er seinen Oldtimer-Sportwagen, sein dickes Goldarmband und seine Villa in Portugal bezahlen kann.

Nehmen wir mal den »Ehrlichen Eric« unter die Lupe und finden heraus, wie viel Gewinn er zu machen gedenkt.

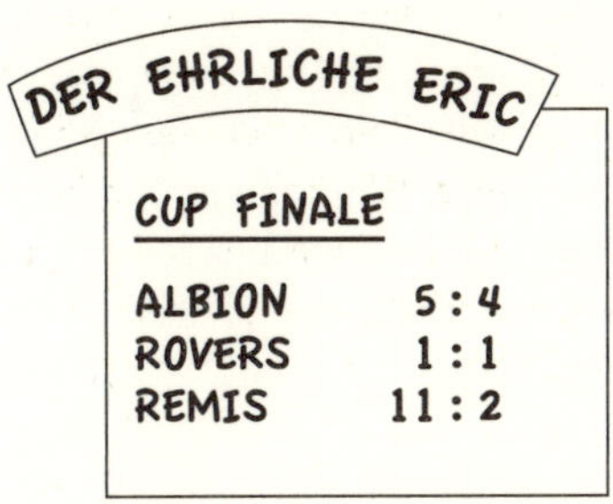

Zuerst rechnen wir Erics Quoten in Wahrscheinlichkeiten um: 5:4 ist eine Wahrscheinlichkeit von $4/9$ oder 0,444; 1:1 ist eine Wahrscheinlichkeit von $1/2$ oder 0,5; und 11:2 ist eine Wahrscheinlichkeit von $2/13$ oder 0,154. Wenn wir diese Dezimalbrüche addieren, bekommen wir eine Summe von 1,098.

Dieses Ergebnis sagt uns, dass Eric erwartet, für je 100 €, die er ausbezahlt, 100 € x 1,098 = 109,80 € einzunehmen. Das wäre jedesmal ein Gewinn von 9,80 €.

Manche Buchmacher bieten auch ganz irreale Wetten an, etwa ob Elvis gesund und munter als Angestellter in einer Pommes-Bude arbeitet. Bei sowas fahren Sie mit einem Lottoschein besser, denn obwohl die Wahrscheinlichkeit für sechs Richtige nur 1 zu 13.983.816 beträgt, ist sie doch immer noch größer als bei Elvis. Wie der King selbst wohl gesagt hätte: »Well, it's a-one (unter rund 14 Millionen) for the money ...«

EXTRAS

Sie haben es bis hierher geschafft: Herzlichen Glückwunsch! Wollen Sie jetzt vielleicht noch ein bisschen angeben, indem Sie zeigen, dass Sie mit noch ein bisschen mehr Theoriekram fertigwerden? Die folgenden zwei Abschnitte handeln von mathematischen Dingen, die Sie im Alltag vermutlich selten – oder nie – brauchen werden, aber es ist nicht schlecht, ihre Grundlagen zu kennen, vor allem wenn Sie in der Schule deswegen Albträume hatten.

Winkel, Dreiecke und Trigonometrie

Der Winkel, an dem sich zwei Geraden treffen, wird in Grad gemessen, die mit dem kleinen Zeichen ° markiert werden. Wenn Sie wissen wollen, wie groß ein Winkel von 1° ist, nehmen Sie ein langes Stück Bindfaden, schlingen es um Ihren Daumen und strecken den Arm zur Seite aus. Mit der anderen Hand fassen Sie die beiden Enden und halten sie vor Ihr Gesicht. Der Winkel, an dem die beiden Enden des Fadens zusammentreffen, beträgt ungefähr 1°.

Der Winkel in der Ecke eines Quadrats beträgt 90° und wird *rechter Winkel* genannt. Wenn Sie sich einmal komplett herumdrehen, haben Sie sich durch einen Winkel von 360° bewegt. Ein Winkel von 180° ist eine gerade Linie, und die drei Winkel in einem Dreieck addieren sich immer zu 180°. Wenn Sie ein beliebiges Dreieck aus einem Blatt Papier ausschneiden und dann die Ecken mit den Winkeln abreißen, können Sie sie so aneinanderlegen, dass sie eine gerade Linie bilden.

Die vier Winkel in jedem beliebigen Viereck ergeben zusammen immer 360°; wenn Sie sie zusammenlegen, bilden sie genau einen Kreis.

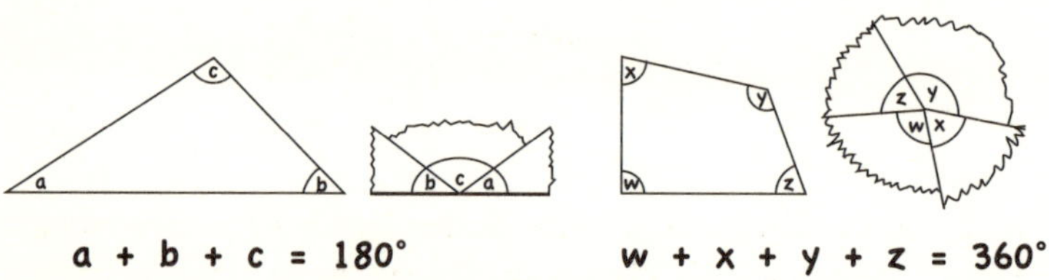

Haben Sie einen Taschenrechner mit jeder Menge geheimnisvoller Tasten, die Sie nie nutzen? Das ist doch schade, wenn Sie dafür bezahlt haben, deshalb kommt jetzt eine kurze Einführung in *sin, cos* und *tan*.

Der Grundgedanke ist der: Wenn Sie ein Dreieck haben und ein oder zwei Seiten und Winkel kennen, können Sie mithilfe der *Trigonometrie* die übrigen berechnen. Die einfachsten Dreiecke sind hierbei die rechtwinkligen, denn außer dem rechten Winkel brauchen Sie nur noch eine Seitenlänge und einen weiteren Winkel zu kennen, um die anderen Maße auszurechnen.

Wenn Sie einen Winkel kennen und die Seite nehmen, die diesem Winkel *gegenüberliegt,* und sie durch die längste Seite (die Hypotenuse genannt wird) teilen, erhalten Sie einen Bruch. Dieser Bruch wird der *Sinus* des Winkels genannt; mathematisch wird er »sin« geschrieben.

Nehmen wir an, Sie versuchen, einen Ihrer besten Schuhe aus einer hohen Regenrinne zurückzuholen. (Der Himmel weiß, warum so was passiert, aber wir alle wissen: Es passiert.) Sie haben eine Achtmeterleiter, die an dem Haus lehnt.

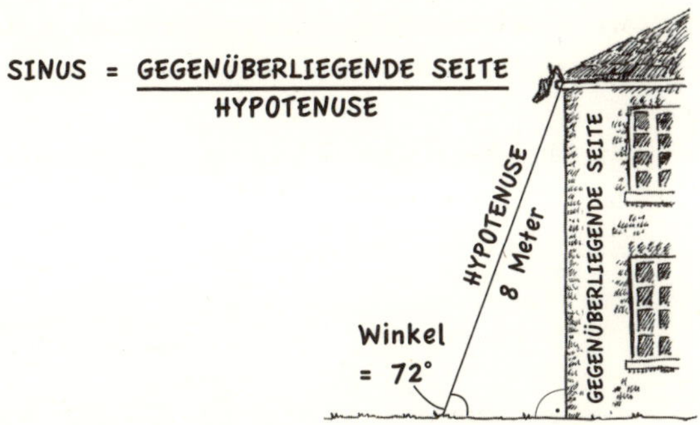

Die Leiter, die Hauswand und der Boden bilden ein rechtwinkliges Dreieck. Wenn Sie den Winkel am Boden messen und feststellen, dass er 72° beträgt, können Sie die Höhe der Dachrinne ausrechnen, damit Sie später wissen, was Sie dem Rettungsdienst sagen sollen.

Die Achtmeterleiter ist die Hypotenuse des Dreiecks, daher *Hypotenuse* = 8. Die Höhe, die wir ausrechnen wollen, ist die *gegenüberliegende Seite* des Winkels von 72°. Jetzt stecken wir diese Sachen in eine kleine Gleichung:

$$\sin 72° = \frac{\text{gegenüberliegende Seite}}{8}$$

Wir multiplizieren beide Seiten der Gleichung mit 8 und erhalten:

$$\sin 72° \times 8 = \text{gegenüberliegende Seite}$$

Um das auszurechnen greifen Sie zu Ihrem Taschenrechner und tippen <sin 72 =>, was 0,951 ergibt.

Das wird mit 8 multipliziert, und das Ergebnis ist 7,608. So viele Meter ist die Dachrinne hoch!

Cosinus und *Tangens* (= »cos« und »tan«) heißen die anderen Brüche, die Sie erzeugen können, wenn Sie andere Seiten des Dreiecks kombinieren.

Und das ist schon so ziemlich alles, was der Normalsterbliche über Trigonometrie wissen muss …

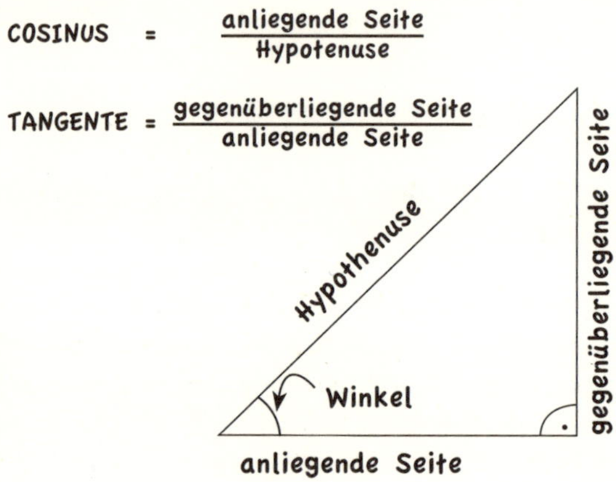

Was zum Teufel ist ein Logarithmus?

Wenn sich Leute über ihre finstersten und deprimierendsten Erinnerungen an den Mathe-Unterricht austauschen, geistert für gewöhnlich der Logarithmus durch den Raum. Bei vielen Menschen beschwören Logarithmen Albträume von nichtssagenden Zahlen und sarkastischen Lehrern herauf. Aber heute, wo es nicht mehr drauf ankommt, würden Sie da nicht gerne wissen, worum es dabei überhaupt ging? Hier gibt es keine Tests, keine Noten und keine fliegenden Tafelschwämme. Die Bestie kann Ihnen nichts anhaben.

Die Logarithmen wurden 1614 von dem Schotten John Napier entdeckt, und sie waren 350 Jahre lang (bis die elektronischen Rechner aufkamen) die einzige zuverlässige Abkürzung, um sehr große Zahlen zu multiplizieren oder zu dividieren. Aber wie funktionieren sie?

Hier ist eine ziemlich übersichtliche Aufgabe:

$$1.000 \times 100 = 100.000$$

Wir könnte sie auch als $10^3 \times 10^2 = 10^5$ schreiben, was genau dasselbe ist, aber anstatt die großen Zahlen zu multiplizieren, hätten wir dann nur die Potenzen addiert: $3 + 2 = 5$. John Napier erkannte, dass man *alle* Zahlen in Zehnerpotenzen umwandeln und sie dann multiplizieren oder dividieren kann, indem man die Potenzen addiert oder subtrahiert.

An dieser Stelle wird es leider knifflig, denn die meisten Potenzen, um die es hier geht, sind keine schönen ganzen Zahlen. Zum Beispiel ist $78 = 10^{1,89209}$. Wenn die Potenzen zu solch sperrigen Dezimalbrüchen werden, nennt man sie *Logarithmen*. In Bezug auf $78 = 10^{1,89209}$ sagt man dann: »Der Logarithmus von 78 ist 1,89209.«

Zahlen in Logarithmen umzuwandeln ist ein extrem mühseliger Vorgang, doch ein Freund von Napier namens Henry Briggs erstellte eine Reihe von Umwandlungstabellen, die Logarithmentafeln genannt werden. In manchen Logarithmentafeln wurden nur drei Nachkommastellen angegeben, sodass 78 dort als $10^{1,892}$ zu finden war. In Henry Briggs' bester Tafel stand die 78 dagegen als $10^{1,89209460269048}$. Präzisere Logarithmen bringen natürlich auch präzisere Ergebnisse. (Isaac Newton rechnete bis zu 50 Dezimalstellen aus, als er untersuchte, wie sich Planeten und Sterne bewegen, aber er war auch ein Besessener.)

Jetzt lösen wir mal eine Aufgabe mit Logarithmen.

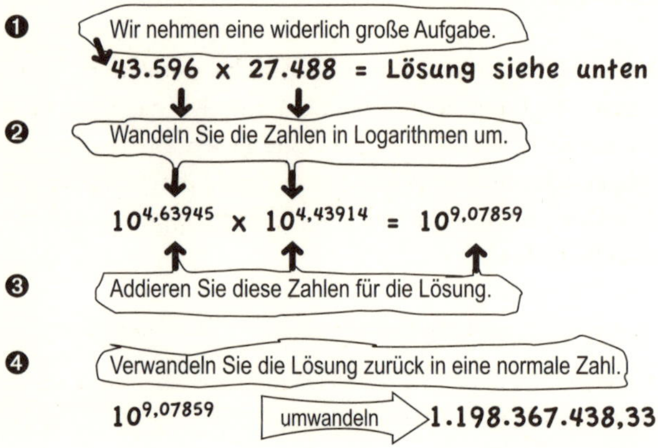

Die tatsächliche Lösung lautet 1.198.366.848. Die Abweichung liegt nur bei etwa einem Millionstel!

Eine zauberhafte Abkürzung zu Wurzeln

Man kann die Quadrat- oder Kubikwurzeln von Zahlen herausfinden, indem man einfach deren Logarithmen durch 2 oder 3 teilt.

Wenn Sie Isaac Newton wären und bräuchten die Kubikwurzel von 591, dann würden Sie zuerst in den Logarithmentafeln nachsehen und $591 = 10^{2,771587}$ finden. Als Nächstes würden Sie $2,771587 \div 3 = 0,923862$ rechnen. Schließlich würden Sie 10^{923862} wieder zurückverwandeln und die Lösung bekommen: 8,391942. (Wenn Sie 8,391942 x 8,391942 x 8,391942 ausrechnen, erhalten Sie wieder 591.)

Dieses Ergebnis stimmt nicht nur, sondern die Logarithmen haben Ihnen auch stundenlanges stumpfsinniges Rechnen erspart!

GLOSSAR

In der Mathematik gibt es eine Menge Ausdrücke, mit denen die unterschiedlichsten Dinge bezeichnet werden, aber ich habe versucht, sie so weit wie möglich zu vermeiden, weil in diesem Buch schon genug zu bewältigen ist, ohne auch noch eine neue Sprache zu lernen. Hier kommt deshalb noch ein handlicher kleiner Sprachführer mit den wichtigsten Begriffen:

Abrunden – eine unübersichtliche Zahl einfacher aussehen lassen.

Ähnliche Dreiecke – haben dieselbe Form, sind aber von unterschiedlicher Größe.

Arithmetisches Mittel – Das ist die Art von Durchschnittswert, für den man alles zusammenzählt und dann durch die Zahl der Dinge teilt, die man zusammengezählt hat.

Auflösen – Das bedeutet Klammern loswerden, meist in der Algebra. Wenn Sie $4y(3 - 2y)$ haben, lösen Sie das zu $12y - 8y^2$ auf.

Der betrügerische Kellner (Die Lösung) – Vergessen Sie die 30 €! Unter dem Strich bezahlten die Damen 27 €, von denen 25 € in die Kasse und 2 € in die Tasche des Kellners wanderten.

Dezimalbrüche – auch Dezimalzahlen genannt, sind eine Reihe von Ziffern mit einem Dezimalkomma irgendwo mittendrin, zum Beispiel 0,667 oder 365,26.

Dividend – die Zahl, die bei einer Divisionsaufgabe aufgeteilt wird. Bei $35 \div 5 = 7$ ist 35 der Dividend. Wenn eine Firma erfolgreich ist, dann wird in Abständen eine Dividende ausgeschüttet, die ein Haufen Geld ist, der unter den Anteilseignern aufgeteilt wird.

Divisor – die Zahl, durch die bei einer Divisionsaufgabe geteilt wird. Bei $48 \div 4 = 12$ ist 4 der Divisor.

Durchmesser – die Gerade durch den Mittelpunkt eines Kreises.

e – Dies ist eine besondere Zahl, nämlich 2,71828183. Sie kommt ins Spiel, wenn man Wachstum misst, und zwar sowohl bei lebenden Dingen wie etwa Pflanzen als auch bei Banken, wenn sie Zinsen berechnen.

E – steht auf einem Taschenrechner für »exponentiell«, was bedeutet, dass Sie die dargestellte Zahl mit einer Zehnerpotenz multiplizieren müssen.

Ellipse – Das ist so etwas wie ein Kreis mit zwei Mittelpunkten. Diese »Mittelpunkte« heißen Brennpunkte, und je weiter sie auseinanderliegen, desto zusammengedrückter sieht die Ellipse aus. Die Planeten kreisen auf elliptischen Bahnen um die Sonne, allerdings kommt die Umlaufbahn der Erde einem Kreis sehr nahe.

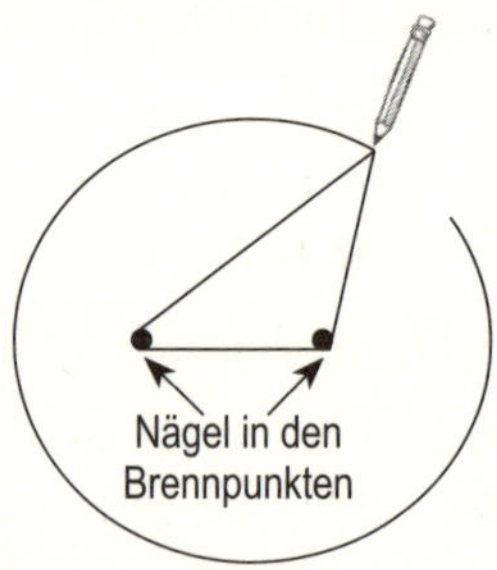

WIE MAN EINE ELLIPSE ZEICHNET

Schlagen Sie zwei Nägel ein. Legen Sie einen zusammengeknoteten Faden locker um beide Nägel. Ziehen Sie die Schlinge mit einem Stift straff, und zeichnen Sie eine Linie um die Nägel herum.

Faktoren – Das sind alle ganzen Zahlen, durch die sich eine andere Zahl teilen lässt. Die Faktoren von 60 sind 1, 2, 3, 4, 5, 6, 10, 12, 15, 20 und 30. Es gibt auch Primfaktoren. Das sind diejenigen Primzahlen, die man multiplizieren muss, um eine teilbare Zahl zu erhalten. Die Primfaktoren von 60 sind 2 x 2 x 3 x 5 = 60.

Faktorisieren – Dies passiert in der Algebra, wenn man Sachen in Klammern setzt. Wenn man $6x^2 + 9x$ hat, lassen sich beide Bestandteile durch 3x teilen, daher kann man sie zu $3x(2x + 3)$ faktorisieren.

Fakultät – bezeichnet den Vorgang, wenn eine Zahl mit allen kleineren (ganzen) Zahlen bis 1 multipliziert wird. Dafür gibt es ein besonderes Zeichen: »!« Zum Beispiel ist 4! (gesprochen »Vier Fakultät«) = 4 x 3 x 2 x 1 = 24. Wenn vier Pferde ein Rennen bestreiten, erfahren Sie durch 4! die Anzahl der unterschiedlichen Reihenfolgen, in denen sie im Ziel eintreffen können. Leider erfährt man dadurch nicht, welches gewinnt.

Gemeine Brüche – der vollständige Ausdruck für Brüche, bei denen eine Zahl über der anderen steht (etwa ⅔), im Gegensatz zu Dezimalbrüchen, etwa 0,618.

Geodreieck – ein Dreieck aus Plastik, das sich in jeder Zubehör-Mappe für Geometrie befindet. Die dickere Variante hat einen rechten Winkel und zwei Winkel von 45°, die schlankere hat auch einen rechten Winkel, aber dazu Winkel von 30° und 60°. Ungefähr 90% aller Geodreiecke werden Kindern von wohlmeinenden Tanten beim Eintritt in die Unterstufe geschenkt.

Gerade – die kürzeste Verbindung zwischen zwei Punkten. Im Alltag würde man »Linie« oder »gerade Linie« sagen.

Gleichnamig – sind Brüche, die denselben Nenner haben.

Gleichschenklig – ist ein Dreieck, wenn zwei seiner Seiten gleich lang sind. Damit sind auch zwei seiner Winkel gleich groß.

Gleichseitig – Bei einem gleichseitigen Dreieck sind alle Seiten gleich lang. Die Winkel haben deshalb alle eine Größe von genau 60°.

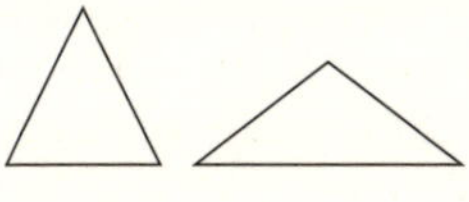

Irrational – ist ein Dezimalbruch, bei dem die Ziffern nach dem Komma endlos weitergehen und sich nie in einem vorhersagbaren Muster wiederholen.

Koeffizient – eine Zahl, mit der man eine andere Zahl (oder auch eine Klammer voller Zahlen) multipliziert. Bei $3(2x + 7)$ ist 3 der Koeffizient der Klammer und 2 der Koeffizient von x.

Kongruent – sind geometrische Figuren, zum Beispiel Dreiecke, wenn sie deckungsgleich sind.

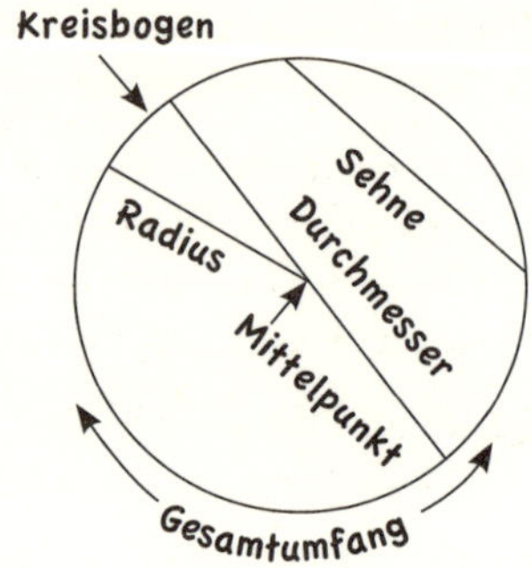

(Kreis)bogen – ein Teilstück vom Rand (Umfang) eines Kreises. Seine Größe ist beliebig: von einem winzigen Stückchen bis fast zum ganzen Kreis.

Kürzen – die Zahlen von Brüchen verkleinern.

Lotrechte – eine Gerade, die im rechten Winkel auf eine Fläche trifft.

Median – Wenn man eine Reihe von Ergebnissen hat, ist der Median das in der Mitte.

Modus – Wenn man eine Reihe von Ergebnissen hat, ist das häufigste Ergebnis der Modus.

Nenner – (oder Divisor) nennt man die untere Zahl in einem Bruch. Bei $4/7$ ist 7 der Nenner.

Null – Das ist wahrscheinlich die komplizierteste Zahl von allen, denn man ist sich nicht sicher, ob sie überhaupt eine Zahl ist. Wenn sie eine Zahl ist, verursacht sie jede Menge Probleme, vor allem, wenn man versucht, etwas durch sie zu teilen. Wenn sie keine Zahl ist, wieso kann man sie dann aus Zahlen gewinnen, zum Beispiel durch $2 - 2 = 0$?

Pi (oder π) – 3,14159265 … Der Name für die Zahl, die man erhält, wenn man den Umfang eines Kreises durch seinen Durchmesser teilt.

Potenz – ist (in der Mathematik), wenn eine Zahl mit sich selbst multipliziert wird. 4^5 (gesprochen: vier hoch fünf) ist »vier in der fünften Potenz« = 4 x 4 x 4 x 4 x 4 = 1.024.

Primzahl – eine Zahl, die nur durch sich selbst und 1 teilbar ist.

Produkt – ist, was man erhält, wenn man zwei oder mehr Zahlen multipliziert. Das Produkt von 4, 7 und 8 ist 4 x 7 x 8 = 224.

Quadratisch – bezieht sich in der Mathematik meist auf quadratische Gleichungen. Diese gehören zur Algebra und enthalten ein quadratisches Element wie zum Beispiel x^2. Quadratische Gleichungen haben im Allgemeinen zwei verschiedene Lösungen.

Quotient – die Lösung einer Divisionsaufgabe wie etwa 14 ÷ 2 = 7. Die 7 ist hier der Quotient.

Radius – die Strecke vom Mittelpunkt eines Kreises zu seinem Rand. Der Radius ist immer halb so lang wie der Durchmesser des Kreises.

Rational – ist ein Dezimalbruch, bei dem sich ein Muster aus Ziffern immer wiederholt.

Rechter Winkel – ein Winkel von 90°, wie er zum Beispiel in den Ecken eines Quadrats vorkommt. Er wird in Deutschland meist durch einen Viertelkreis mit einem · darin gekennzeichnet.

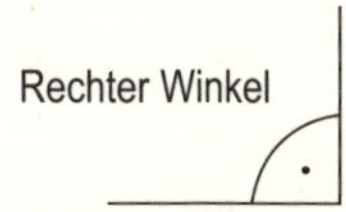

Segment – entweder ein Stück von einer Geraden oder ein Teil von einem Kreis, das mit einer Geraden abgetrennt wurde.

Sehne – eine Gerade durch einen Kreis, die nicht durch den Mittelpunkt geht.

Sektor – eine Form, die aussieht wie ein Stück Pizza.

Senkrechte – eine Gerade, die zu einer anderen Geraden rechtwinklig verläuft.

Spitz – ein Winkel, der kleiner ist als ein rechter Winkel von 90°.

Stumpf – ein Winkel, der größer als 90°, aber kleiner als 180° ist. Ein stumpfwinkliges Dreieck enthält einen stumpfen und zwei spitze Winkel.

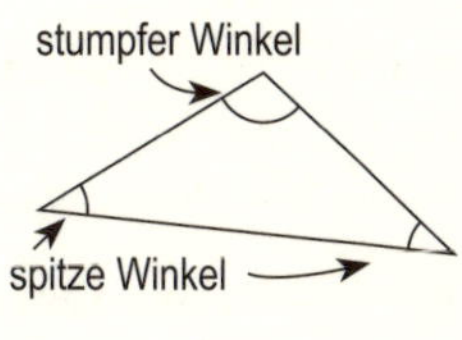

Summe – was man erhält, wenn man mehrere Zahlen addiert.

Tangente – ist eine Gerade, die einen Kreis an einem einzigen Punkt berührt. Wenn man einen Radius vom Mittelpunkt des Kreises zu einer Tangente zeichnet, treffen sich die beiden immer in einem Winkel von 90°.

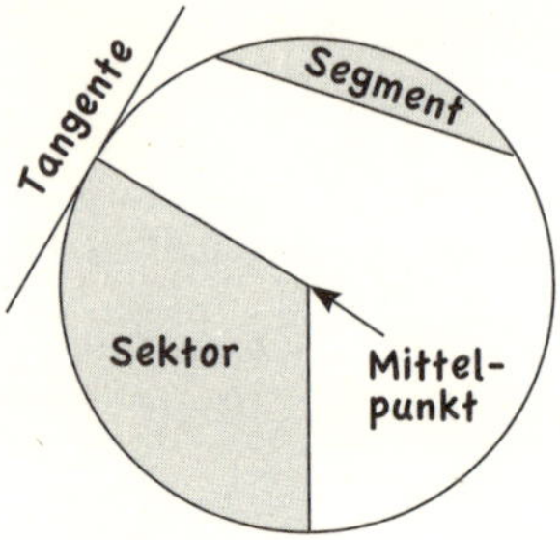

Teilbar – ist eine Zahl, die keine Primzahl ist, die sich also außer durch 1 und sich selbst auch noch durch andere Zahlen dividieren lässt.

Überstumpf – (oder erhaben) nennt man einen Winkel, der größer als 180° ist.

Umfang – Das kann der äußere Rand jeder Fläche sein, doch im Allgemeinen ist damit die Strecke um einen Kreisrand herum gemeint.

Ungleichseitig – ist ein Dreieck, wenn alle drei Seiten unterschiedliche Längen haben.

Vereinfachen – bezieht sich meistens darauf, dass man in Algebra eine komplizierte Aufgabe bekommt und sie übersichtlicher macht. Wenn wir $3(2x - 4) + 5(1 - x)$ haben, können wir vereinfachen, indem wir es ausmultiplizieren und $6x - 12 + 5 - 5x$ bekommen, was dann zu $x - 7$ wird.

Viereck – eine beliebige Form mit vier geraden Seiten.

Winkelmesser – ein Gerät, mit dem man Winkel messen kann, meist so groß wie eine halbe CD mit vielen Zahlen am Rand. Sehr praktisch, um Eis von Windschutzscheiben zu schaben.

Wurzel/Quadratwurzel – Wenn man eine Wurzel »ins Quadrat erhebt«, multipliziert man sie mit sich selbst, etwa 7 x 7 = 49. Wenn man den umgekehrten Weg geht, ist die »Quadratwurzel« von 49 wieder die 7.

Zähler – die obere Zahl in einem Bruch.

QED

Diese Buchstaben tauchen am Ende von mathematischen Beweisen auf und stehen für den lateinischen Satz »quod erat demonstrandum«, was bedeutet: »Was zu beweisen war.« Es ist eine praktische Art, um zu sagen: »Siehste? Ich habe bewiesen, dass es hinhaut, okay?«

Ich hoffe, ich habe Ihnen QEDen können, wie Mathe funktioniert und wie die ganzen Einzelteile zusammenhängen. Jetzt bleibt mir nur noch, Ihnen für das nächste Mal viel Glück zu wünschen, wenn Sie sich einem Schwung Zahlen gegenübersehen. Wie mein Kumpel Blakey sagte: »Ich habe den größten Teil meines Lebens damit verbracht, nichts davon zu verstehen, und heute weiß ich gar nicht mehr, wo mein Problem lag.«

Hier kommt noch ein letzter, netter Trick:

❶ Nehmen Sie irgendeine vierstellige Zahl mit unterschiedlichen Ziffern. Das kann man sehr hübsch machen, wenn man neun Spielkarten vom As (1) bis zur 9 nimmt, sie mischt und dann vier Karten zieht. Nehmen wir an, Sie hätten die 4.728.

❷ Tauschen Sie die Ziffern um: 8.274. Ziehen Sie die kleinere Zahl von der größeren ab: 8.274 – 4.728 = 3,546.

❸ Die Ziffern des Ergebnisses summieren sich immer zu 18: 3 + 5 + 4 + 6 = 18.

Wollen Sie wissen, warum? Ich vermute, dass man es mit Algebra beweisen kann, aber es gibt einen viel schöneren Grund, warum es funktioniert. Es ist einfach Zauberei.

DANK

Mein Dank gilt dem fantastischen Team von Michael O'Mara, das dieses Buch möglich machte, ebenso Andrew Pinder für die Zeichnungen, Richard Collins für sein Korrekturlesen und besonders meinem Lektor Kerry Chapple, ohne den dieses Buch weder Ihnen noch mir so viel Spaß gemacht hätte.

»Ein nützliches, aber nicht immer ganz ernst gemeintes Vademecum« BUCHMARKT
über *Überlebenshandbuch Hochzeit*

Joshua Piven/
Sarah Jordan/
David Borgenicht
ÜBERLEBENSHANDBUCH KINDER
Wie Sie Ihren Nachwuchs unfallfrei großziehen und später sicher aus dem Haus bekommen
Aus dem amerikanischen Englisch von Petra Trinkaus
176 Seiten
mit zahlreichen Abbildungen
ISBN 978-3-404-60640-5

Vergessen Sie Treibsand und Haiattacken – wirklich gefährlich und furchteinflößend ist Ihr eigener Nachwuchs! Sie kennen das sicherlich: Das Baby schreit ohne Ende, Sie laufen rum wie ein Packesel und müssen jeden Abend Monster aus dem Kinderzimmer verjagen. Ihr Teenager ist zudem Heavy-Metal-Fan und gerade zum ersten Mal verliebt. Als Eltern werden Sie mit allen möglichen und unmöglichen Notfällen konfrontiert, die Sie und Ihren Nachwuchs in Gefahr bringen. Dieses Buch rettet Sie.

Mit Instant-Aufklärungsvortrag, SMS-Decoder, Jugendsprachuniversalwörterbuch und zahlreichen lebensrettenden Illustrationen

Bastei Lübbe Taschenbuch

Droht 2012 das Ende der Welt?

Bernd Ingmar Gutberlet
DER MAYA-KALENDER
Die Wahrheit
über das größte Rätsel
einer Hochkultur
288 Seiten
mit zahlreichen
Abbildungen
ISBN 978-3-404-64245-8

Warum entwickelte ein Urwaldvolk vor über zwei Jahrtausenden einen ausgeklügelten Kalender, genauer noch als der europäische? Wieso waren die alten Maya so besessen von der Zeit? Weshalb besteht ihr Kalender aus vielen rätselhaften Zyklen und was macht ihn zur höchsten Autorität ihres Volkes? Stimmt es, dass der Menschheit am 21. Dezember 2012 eine Katastrophe droht, weil der geheimnisvolle Kalender endet? Bestsellerautor Bernd Ingmar Gutberlet hat die Antworten und entzaubert Mythen und Legenden – unterhaltsam wie kompetent.

Bastei Lübbe Taschenbuch